Bundesbahn-Fotoalbum

Band 4: 1974 – 1985

Helmut Bittner

Titelbild

Mit dem zu Ende gehenden Dampfbetrieb widmete sich Helmut Bittner zunehmend den modernen Traktionsarten. Auch hier galt es von etlichen Baureihen, aber auch Strecken Abschied zu nehmen. Im Mai 1977 ist es höchste Zeit, 280 001 mit dem Nahverkehrszug 6785 von Schlüsselfeld nach Bamberg in Frensdorf aufzunehmen. Die Strecke wird Ende Mai 1977 stillgelegt und 280 001 verabschiedet sich im August aus den Betriebsdient.

Impressum

Bundesbahn-Fotoalbum

Band 4: 1974 bis 1985

Bibliografische Information der Deutschen Nationalbibliothek

Die Deutsche Nationalbibliothek verzeichnet diese Publikation in der Deutschen Nationalbibliografie; detaillierte bibliografische Daten sind im Internet über http://dnb.d-nb.de abrufbar.

ISBN 978-3-946594-28-4

1. Auflage 2023

Herstellung: Axel Ladleif, DGEG Medien GmbH
Druck und Verarbeitung: Bonifatius Druck, Paderborn

Monforts Quartier 1 · 41238 Mönchengladbach
medien@dgeg.de · **www.dgeg-medien.de**

Inhalt

Einleitung

Helmut Bittner (1941–2014) gehört nicht zu den „großen Namen“ der deutschen Eisenbahnfotografie. Viele seiner Aufnahmen fanden jedoch schon Eingang in diverse Veröffentlichungen und in den vergangenen Jahren sind die ersten drei Bände der Reihe „Bundesbahn-Fotoalbum“ mit Aufnahmen von Helmut Bittner aus den Jahren 1961 bis 1973 erschienen, denen hier der vierte Band für den Zeitraum 1974 bis 1985 folgt. Ein weiterer Band mit Auslandsaufnahmen ist noch geplant.

Helmut Bittner wurde 1941 in Prag geboren. Infolge der Kriegsereignisse musste er mit seiner Familie fliehen, nach einer Zwischenstation in Erfurt landete er 1953 im westfälischen Witten, dem er bis zu seinem Tod treu blieb. Sein gesamtes Berufsleben verbrachte er als Ingenieur bei den Edelstahlwerken unweit des Wittener Hbf.

Dem zunächst in Bochum-Dahlhausen, dann in Herbede und seit 1985 in den heutigen Räumen in Witten ansässigen Archiv der Deutschen Gesellschaft für Eisenbahngeschichte (DGEG) hat er sich bis kurz vor seinem viel zu frühen Tod intensiv gewidmet. Zum Bestand dieses Archivs gehören heute auch über 8000 von Helmut Bittner gemachte Dias. Sein gesamtes fotografisches Schaffen war noch erheblich größer; zahlreiche Dias, vor allem mit Motiven aus Österreich, hat er lange vor seinem Tod Freunden (von denen inzwischen selbst einige verstorben sind) überlassen. Um welche genau es sich dabei handelt, ist heute gar nicht mehr nachvollziehbar, aber erkennbare Lücken geben Hinweise.

Schon als Jugendlicher begann er mit dem Fotografieren von Lokomotiven, zunächst in Österreich, wo er lange und intensive Freundschaften pflegte, später vermehrt in der Bundesrepublik. Auch die DDR und vor allem das damalige Jugoslawien gehörten zu seinen Zielen. So sind seit Beginn der 1960er Jahre zahlreiche Aufnahmen entstanden, von denen eine Auswahl in unseren Fotoalben zu sehen ist.

In diesem vierten Band der Reihe gilt es Abschied zu nehmen von den letzten Dampfloks der Bundesbahn, wobei die letzten Preußen der Baureihen 038, 078 und 094 schon bis Ende 1974 den Dienst quittierten. Aber auch die letzten Neubauloks der Baureihe 023 wurden schon im Folgejahr verabschiedet und mit den 012 im Emsland endete ebenfalls 1975 der Dampfbetrieb im Schnellzugeinsatz. Ende Oktober 1977 war dann endgültig Schluss mit dem Dampfzeitalter, dem das Dampfverbot auf DB-Gleisen, Dampfbetrieb der entstehenden Museumsvereine auf Privatbahnen und bemerkenswerte Anfänge des DB-Museumsbetriebes im Jubiläumsjahr 1985 folgten.

Schließlich galt es aber auch Abschied zu nehmen von fast allen Altbau-E-Loks und -Triebwagen sowie bei den Dieselfahrzeugen von den runden Vertretern der 1950er Jahre. Daneben spielt auch der normale Alltagsbetrieb der Baureihen 103 bis 798 in diesem Band eine wichtige Rolle.

Wie die zahlreichen Motive in diesem Band zeigen, ist Helmut Bittner der Wechsel hin zum Nicht-Dampfbetrieb als Fotoobjekt gut gelungen. Neben den zahlreichen Altbau-E-Loks richtete er sein Augenmerk vor allem auf die Dieselloks der 1950er Jahre und den auf vielen Bahnen zu Ende gehenden Nebenbahnbetrieb. Einige wenige Aufnahmen entstanden bei der Deutschen Reichsbahn, wo sich der Dampfbetrieb bekanntlich länger hielt als im Westen.

Die wachsende Informationsfülle über die Bespannung von Zügen in der Literatur für Eisenbahnfreunde hat im Berichtszeitraum das Aufspüren der begehrten Objekte gegenüber den vorhergehenden Zeiträumen deutlich erleichtert. Übrigens fällt auch in diesem Band wieder auf, wie oft Helmut Bittner zu sehr früher Stunde den Zügen aufgelauert hat.

Anhand der Aufzeichnungen Helmut Bittners, der Recherche der Kursbücher, der geschichtlichen Entwicklung zahlreicher Strecken wie auch aus eigener Kenntnis habe ich die Texte zu den Bildern verfasst, wobei das eigene Erleben vieler der hier zu sehenden Motive ausgesprochen hilfreich war. Ich hoffe, dass die Zusammenstellung der Aufnahmen und die zugehörigen Texte im Sinne Helmut Bittners sind.

Viel Spaß beim Stöbern im Bundesbahn-Fotoalbum Band 4 auf der Reise von Nord nach Süd mit Dampf-, Diesel- und E-Loks durch die Bundesrepublik!

Mein herzlicher Dank gilt Wolfgang Klee für die umfangreiche Unterstützung insbesondere bei der Bildbearbeitung.

Dietrich Bothe, Hamburg im Sommer 2023

Durch Schleswig-Holstein nach Hamburg

Knapp drei Jahre vor dieser im Juli 1975 in Westerland entstandenen Aufnahme endete der von Helmut Bittner in zahlreichen Bildern festgehaltene Betrieb mit den 012-Dampfloks auf der Marschbahn von Hamburg über den Hindenburgdamm nach Sylt. Der Sommerfahrplan 1975 brachte in zarten Ansätzen für wenige Verkehrstage das IC-Zeitalter auf die Insel, denn der IC 136 „Prinzipal“ verkehrte nur zwischen dem 29. Juni und dem 31. August und nur an Sonntagen ab Westerland. Um 17:15 Uhr ging die Reise los und endete um 0:02 Uhr am Zielbahnhof Köln. Die erst am 9. Juni 1975 abgenommene 218 324 des Bw Hamburg-Altona glänzt noch im frischen Lack. Übrigens erreichte als Gegenleistung zum IC 136 der IC 112 „Gambrinus“ aus München am Freitagabend um kurz vor zehn Uhr die Insel.

Wenige Tage nach ihrer Abnahme am 4. Juli 1975 ist 218 333 mit dem aus acht Silberlingen bestehenden Verstärkerzug D 10533 nach Westerland im Bahnhof Husum angekommen. Damals gab es dort noch eine Bahnsteighalle. (oben)

Um kurz vor acht Uhr erreicht 218 193 im Juli 1975 mit dem E 2071 von Westerland nach Luxembourg mit Kurswagen nach Bad Wildungen den Bahnhof Husum. (links)

Die in Husum stationierten Akku-Triebwagen waren für den Betrieb zwischen Heide und Büsum zuständig. Im Juli 1975 stehen ein 815 und 515 104 zur Mittagszeit als Zug 5479 in Büsum. (rechts oben)

Im Januar 1979 liegt Schnee in Schleswig-Holstein, als 218 174 in Wilster mit einem Personenzug nach Heide unterwegs ist. Rechts neben dem Stellwerk führt die Strecke nach Brunsbüttel, von wo aus es vor dem Bau des Nord-Ostsee-Kanals in Richtung Husum weiterging. (rechts)

Durch eine umfassende Modernisierung mit einer neuen Hallenkonstruktion hat der Kieler Hauptbahnhof im neuen Jahrtausend sein Aussehen grundlegend verändert. Genau hundert Jahre lang bestand zuvor die auf den beiden Bildern dieser Doppelseite im Hintergrund zu sehende klassische Hallenkonstruktion. Der in Hamburg-Altona beheimatete 612 506 verlässt im August 1978 mit einer vierteiligen Garnitur am späten Vormittag die Landeshauptstadt vermutlich als E 3251 nach Neumünster. Bei den Altonaer Garnituren war das Fahren mit nur einem Motorwagen bei vierteiligen Garnituren durchaus verbreitet, während die Braunschweiger oftmals auch dreiteilige mit zwei Motorwagen fuhren.

Laut Helmut Bittners Angaben soll es sich bei dieser Aufnahme mit 218 174 in Kiel Hbf vom August 1978 um den E 2873 handeln, der von Flensburg kommend die Landeshauptstadt nach zehnminütigem Halt in Richtung Lübeck zur Weiterfahrt über Lüneburg, Uelzen, Isenbüttel-Gifhorn, Braunschweig, Salzgitter und Seesen nach Kreiensen verlässt – also ein klassischer Heckeneilzug mit langem Laufweg. Das Problem ist dabei, dass der Zug aus Flensburg nur in die links außerhalb des Bildes liegenden westlichen Bahnhofsgleise einfahren kann, nicht aber auf das Gleis unter dem Brückenstellwerk. Der Sonnenstand passt allerdings gut zur Abfahrtszeit kurz vor elf Uhr morgens. Als Alternative kommen die jeweils etwa eine Stunde früher beziehungsweise später verkehrenden E 3157 oder E 3159 nach Lübeck in Frage.

Zum Sommerfahrplan 1963 wurde die neue Vogelfluglinie in Betrieb genommen, deren markanteste Orte auf deutscher Seite die Fehmarnsundbrücke und der Fährbahnhof Puttgarden mit seinen umfangreichen Gleisanlagen waren. Nachdem der Güterverkehr nach Dänemark seit der Eröffnung der Storebæltsbroen (Großer-Belt-Brücke) 1998 über Flensburg führt, wurde der Fährverkehr mit den EC-Zügen nach København im Dezember 2019 beendet und schließlich fuhr im August 2022 überhaupt der letzte Zug nach Puttgarden. Heute tobt nebenan nur noch der Autoverkehr.

Während im Sommer 1976 die Lübecker 221 135 mit dem D 230 „Skandinavien-Holland-Express" von København nach Hoek van Holland an den Bahnsteig rollt (oben), zieht 221 120 im Dezember 1975 die Wagen des D 399 „Hamburg-Express" von København nach Hamburg-Altona soeben von der Fähre. (links)

Nachdem der D 399 um sieben Uhr morgens die dänische Hauptstadt verlassen hatte, legte das Fährschiff nach gut einstündiger Fahrt um kurz nach zehn Uhr in Puttgarden an. Eine gute viertel Stunde später war der Zug dort abgefahren und hat hier eine weitere Stunde später im Dezember 1975 mit 221 120 Lübeck Hbf erreicht. Um 12:17 Uhr wird der Zug in Hamburg-Altona enden. Die knapp zwei Stunden Fahrtzeit auf deutscher Seite werden für eine gemütliche Zwischenmahlzeit im an der Spitze laufenden Speisewagen gereicht haben.

Während die erste Aufnahme in diesem Kapitel den sonntags im Sommer 1975 in Westerland beginnenden IC 136 „Prinzipal" zeigt, ist hier im Juli des Jahres der an den anderen Wochentagen ab Hamburg-Altona fahrende Zug nach Köln zu sehen. Die beiden mit Gasturbinen angetriebenen 602 002 und 602 003 stehen abends um halb acht Uhr zur Abfahrt bereit in der altehrwürdigen Halle, die wenige Jahre später einem gesichtslosen Einkaufszentrum mit Gleisanschluss weichen musste, welches bald auch schon wieder Geschichte sein soll. (oben)

Von den einst fünfzehn MaK-Dieselloks der Baureihe V 65, die sich ab Oktober 1972 alle in Hamburg-Altona versammelt hatten, waren zum Aufnahmezeitpunkt im April 1978 noch ganze drei Stück im Rangierdienst im Einsatz. 265 004 wird als letzte im Mai 1980 den Dienst quittieren und danach ihrer Schwesterlok 265 001 zum Einsatz bei Privatbahnen in den äußersten Westen der Republik folgen. (links)

Drei Generationen Hamburger Gleichstrom-S-Bahn geben sich im August 1978 auf der Verbindungsbahn in Hamburg Dammtor die Ehre. 471 485 gehört zwar zur Urahnen-Baureihe ET 171 mit Erstbaujahr 1939, ist selber aber ein Nachkriegskind der Nachbauserie der 1950er Jahre und wurde als vorletzter Zug erst 1958 in Dienst gestellt. Hier fährt er als S 1 nach Poppenbüttel. (oben)

Mittlerweile auch schon längst von den Schienen verschwunden ist der 1978 gerade zwei Jahre alte 472 516, der links unten die S 2 nach Aumühle bedient. 470 135 gehört zur ab 1959 gebauten Baureihe ET 170 und wurde 1969 schon unter neuer Nummer in Betrieb genommen. Rechts unten ist auch er als S 2 nach Aumühle unterwegs.

Nördliches Niedersachsen und Bremen

Hamburg-Harburg gehört zwar nicht zu Niedersachsen, soll aber als „Grenzort“ dieses Kapitel eröffnen, zumal der gezeigte Schienenbus trotz seiner formalen Zugehörigkeit zum Bw Hamburg 4 – ehemals Wilhelmsburg – vom niedersächsischen Buchholz aus eingesetzt wurde. Als Zuglaufschild zeigt der 798 516 im Juni 1984 „Sonderfahrt“; es ist nicht überliefert, ob dies tatsächlich so war, oder ob der Begriff nur ein Synonym für den Einsatz als Personalpendel von Harburg zum Rangierbahnhof Maschen darstellte. Die Kopfgleise an dieser Stelle existieren schon lange nicht mehr.

Die 1965 gebauten vier Vorserienloks der Baureihe E 03 waren seit 1974 beim Bw Hamburg-Eidelstedt beheimatet und wurden oft von den Versuchsanstalten in Minden und München eingesetzt. Wenn das nicht der Fall war, fand man sie meist im wenig anspruchsvollen Eilzugdienst im Norden der Republik. 103 001 hat als einzige der vier Loks die rote Trennlinie zwischen Lokkasten und Dachbereich eingebüßt und eine Dachlackierung in beige erhalten. Mit dem E 3306 aus Hamburg Hbf ist sie im Januar 1979 morgens um halb elf Uhr am Zielort Bremen angekommen.

Neben dem damals noch erstklassigen IC-Dienst waren die Serienloks der Baureihe 103^1 im schweren Schnellzugdienst gut beschäftigt. Im August 1978 hat 103 175 am frühen Abend mit D 835 von Köln nach Hamburg-Altona den Hauptbahnhof von Bremen erreicht. (oben)

Die Vorserienlok 103 002 hat die rote Trennlinie und das graue – früher einmal silberne – Dach behalten. Mit E 3315 von Bremen nach Hamburg Hbf macht sie sich am frühen Nachmittag im August 1978 auf die eine Stunde und 22 Minuten dauernde Fahrt. Gut fünfundvierzig Jahre später benötigt der Metronom nur zwölf Minuten weniger und hält dabei nicht in Scheeßel. (links)

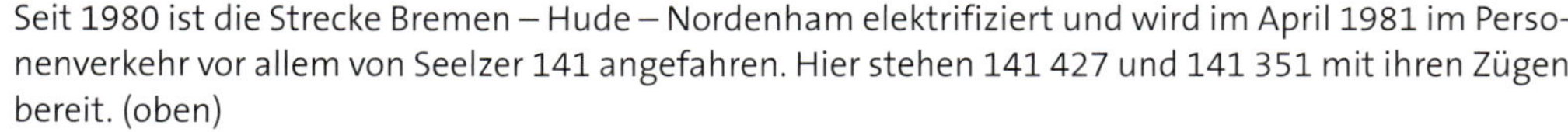

Seit 1980 ist die Strecke Bremen – Hude – Nordenham elektrifiziert und wird im April 1981 im Personenverkehr vor allem von Seelzer 141 angefahren. Hier stehen 141 427 und 141 351 mit ihren Zügen bereit. (oben)

Im August 1979 standen zwar die Masten schon, der Fahrdraht fehlte aber noch in Nordenham. Im Personenverkehr sind hier daher noch Osnabrücker 624 eingesetzt, während sich die knapp drei Jahre alte Bremer 291 062 im Rangierdienst mit einem leeren Kohlenzug, den sie zum knapp einen Kilometer nördlich liegenden Kohlenlager schiebt, nützlich macht. Der Fotograf steht übrigens auf der Brücke der Strandallee, deren Name nicht so recht zur Kulisse passen will. (rechts)

Die beiden Oldenburger 216 153 und 216 156 ruhen sich im August 1979 im Lokschuppen des Bw Nordenham für ihren nächsten Einsatz aus. Rechts am Bildrand die Kohlenhalden mit dem von den Loks abzufahrenden „schwarzen Gold", welches der gewaltige Portalkran aus dem Schiffsbauch holt und in die Güterwagen verlädt. Hinter den Halden sind Ladebäume eines Schiffes zu sehen – ein heute weitgehend verschwundenes Ausstattungsmerkmal. (rechts)

Zum Sommerfahrplan 1975 wurden die fünf Vorserienloks 220 001 bis 220 005 von Würzburg nach Oldenburg umstationiert. Gleich zwei von ihnen haben im August 1976 morgens um kurz nach elf Uhr in ihrem Heimatort Aufstellung genommen. 220 005 hat den E 3110 aus Hannover in Bremen von einer E-Lok übernommen und wird ihn bis Leer bringen, wo die Reststrecke nach Norddeich Mole eine Schwesterlok übernehmen wird. 220 003 hat mit dem E 3108 von Oldenburg nach Wilhelmshaven mit einer Fahrzeit von 43 Minuten und einer Strecke von gut 52 Kilometern den leichteren Job; mit einer Reisegeschwindigkeit von gut 72 km/h bei drei Zwischenhalten geht es aber recht flott zu. Die Kollegin hat ihre 99 Kilometer Fahrtstrecke sogar mit einer Reisegeschwindigkeit von gut 81 km/h zurückzulegen.

Der Blick auf die Bahnhofsanlagen wie auch auf das heute nicht mehr existierende Betriebswerk war in Oldenburg früher von einem Fußgängersteg aus möglich. Am Lokschuppen war immer reichlich Betrieb und so haben sich im August 1976 die Loks 220 076, 220 054, 220 064, 212 261 und 220 083 sowie eine anonyme 220 und zwei 798 versammelt. Nur die 212 trägt das neue Farbkleid, welches sich zu dieser Zeit aber auch schon drei 220er anziehen mussten, was ihnen furchtbar zu Gesicht stand. (oben)

Die recht schmuddelig aussehende Osnabrücker 211 096 steht in Wilhelmshaven am frühen Nachmittag im Juni 1979 mit dem Zug 7520 ins 70 Kilometer entfernte Norden bereit. Nach acht Kilometern muss die 211 sich in Sande ans andere Ende ihrer Vorkriegs-Eilzuwagengarnitur setzen, um über Jever und Esens ans Ziel zu gelangen. (rechts)

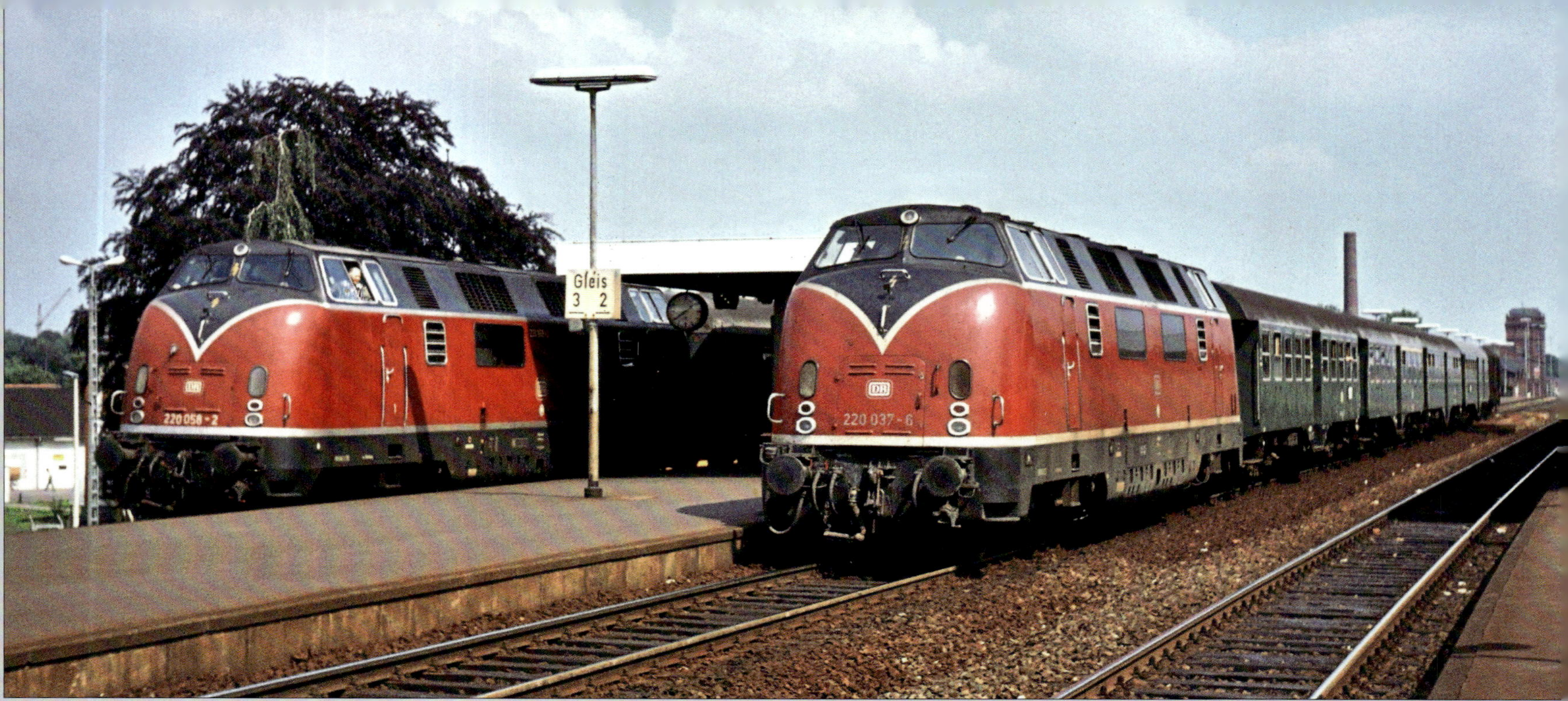

Gleis
3 2
220 058-2
220 037-6
220 004-6

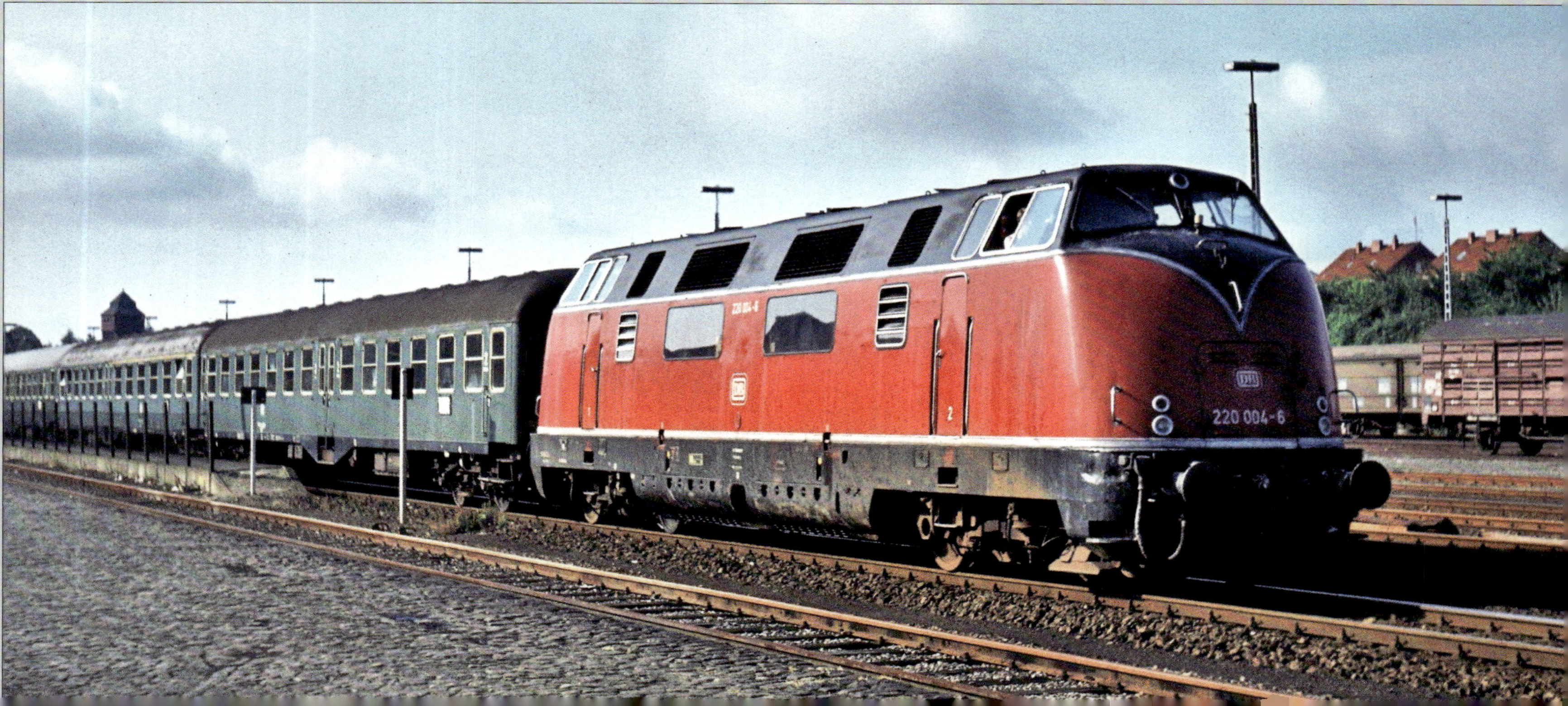

Von Norddeich nach Rheine

Im August 1976 überholt 220 058 mit E 2032 von Bremen nach Leer in Delmenhorst planmäßig den aus Umbauwagen gebildeten Zug 6428 von Bremen nach Oldenburg, den 220 037 am Haken hat. Der Eilzug hat am frühen Nachmittag hier eine Minute Aufenthalt, während der Nahverkehrszug sich elf Minuten gönnt. (links oben)

Im August 1979 hat die Vorserienlok 220 004 mit ihrer gut zur Lok passenden stilreinen Garnitur des E 3671 von Bielefeld nach Wilhelmshaven um halb neun Uhr Bramsche erreicht; statt der Gütergleise gibt es hier heute Brachland zu sehen. (links)

Der letzte Fahrplanabschnitt, in dem bei der DB Schnellzüge von Dampfloks befördert wurden, war der Winterfahrplan 1974/75. Zwischen Rheine und Norddeich konnten sich die letzten Renner, deren Zustand schon etwas zu wünschen übrig ließ, noch einmal austoben. Während 012 082 im August 1974 in Emden auf ihren nächsten Einsatz wartet, befördert 012 075 den D 1736 von Norddeich Mole nach Köln bis Rheine. Ganz rechts im Bild weist unter dem Bahnsteigdach das Schild „DC“ auf die kurzlebige Zuggattung City-D-Zug für das IC-Ergänzungssystem hin. (oben)

In Band 3 des Bundesbahn-Fotoalbums ist dieses Motiv mit 012 100 abgebildet. Im August 1977 ist die Zeit der Dampfloks vor Reisezügen allerdings auch auf dieser Strecke längst vorbei und die 220 und 221 haben das Regiment übernommen. Die Oldenburger 220 078 verlässt mit E 2730 kurz nach 15 Uhr Norddeich Mole und fährt in den Bahnhof Norddeich ein, um den Zug nach Rheine zu bringen, wo ihn eine E-Lok für den Weg zum Zielbahnhof Köln übernimmt. Die beiden ersten Wagen, Post- und Packwagen, dienen einem heute im Personenverkehr bei der Eisenbahn unbekannten Zweck.

Die erste 221 wurde zum Sommerfahrplan 1976 in Oldenburg stationiert. Nachdem zum Winterfahrplan 1977/78 auch die Strecke Villingen – Singen elektrisch betrieben wurde, konnte das Bw Villingen auf die 221 komplett verzichten und gab die Loks nach Oldenburg ab. Mit ihrem Einsatz auf der Emslandstrecke lösten sie die letzten Güterzug-Dampfloks des Bw Rheine ab. 221 136 gehörte zu diesen ehemaligen Villinger Loks und war ab 25. September 1977 im Norden beheimatet. Im Juni 1979 bespannt sie den D 934, der Norddeich Mole um 11:12 Uhr verlässt und über Rheine, Hamm und Wuppertal nach Köln fährt, welches nach gut fünf Stunden Fahrzeit erreicht wird. Der Fahrdraht hängt bereits und gut ein Jahr später wird hier der elektrische Betrieb aufgenommen; die 221 wandern gleichzeitig zu ihrem letzten Einsatzgebiet ins Ruhrgebiet ab.

Die beiden Gasturbinen-Triebköpfe 602 003 und 602 004 gehören im Juli 1975 in Emden Hbf zu den ungewöhnlichen Gästen. Ob es sich um einen Sonderfahrt handelte oder den DC 917 „Ostfriesland“ von Emden nach Frankfurt ist unbekannt. (oben)

Kurze Zeit vorher tummelten sich hier noch die letzten 042 und 043. Im Oktober 1977 sind es 220 084, 221 141, 221 150 und 221 140, die sich im Bw Emden präsentieren. (rechts)

012 061 ist im August 1974 erst vor wenigen Minuten mit D 715 in Norddeich Mole abgefahren und erreicht hier den Bahnhof Norden, wo in der Gegenrichtung 012 082 mit dem sonntäglichen E 3251 von Rheine nach Norddeich Mole eingetroffen ist. (links oben)

Zwei Jahre später ist 220 070 mit D 734 von Norddeich Mole nach Köln in Norden eingetroffen. Während der Wasserturm abgerissen wurde, residiert im Lokschuppen heute die Museumseisenbahn Küstenbahn Ostfriesland. (links unten)

220 038-4

220 052-5

Ziemlich genau zwölf Stunden ist D 714 von München nach Norddeich Mole im August 1974 unterwegs. Als 012 075 um kurz nach sechs Uhr abends in Leer mit dem Zug anfährt, liegt noch eine knappe Stunde Fahrzeit vor ihm. Eine viertel Stunde später geht dann die Fähre, die etwa eine Stunde bis Norderney braucht. (oben)

Im September 1977 heißt es Abschied zu nehmen vom Dampfbetrieb bei der DB. Helmut Bittner hat sich am Bahnübergang der Cirksenastraße in Emden südlich des Hauptbahnhofes positioniert und verschmäht zum Glück auch die Dieseltraktion nicht. 220 038 fährt den E 3155 von Norddeich Mole nach Braunschweig bis Leer. (links oben)

In der Gegenrichtung kommt eine dreiviertel Stunde vorher am frühen Nachmittag 220 052 mit E 3112 von Braunschweig nach Norddeich Mole an der selben Stelle vorbei. Auch dieser Zug hat in Leer Fahrtrichtungs- und Lokwechsel. Der neben der Lok sichtbare Hektometerstein 1,6 markiert die Entfernung von Emden Rbf für die von dort im Anschluss an die Hannoversche Westbahn gesondert kilometrierte Strecke nach Norddeich; der weiter rechts stehende Hektometerstein 0,0 markiert den Abzweig der Strecke nach Emden Außenhafen, deren Zählung im Hbf bei – 0,6 beginnt. (links unten)

012 055 trifft im August 1974 um viertel vor neun Uhr morgens mit E 3260 von Norddeich Mole nach Essen in Leer ein. (oben)

Drei Jahre später hat die dicke Dame im Ringelpulli das Regiment übernommen. 221 140 war schon im Januar 1977 von Villingen nach Oldenburg gekommen. Der oben mit 012 055 zu sehende Zug hat mittlerweile seine Zugnummer auf E 3248 verändert, aber Laufweg und ungefähre zeitliche Lage beibehalten. Neben der Zuglok hat auch beim Packwagen ein Generationswechsel stattgefunden. (links)

Auch 220 062 ist eine ehemalige Villinger Lok, die aber schon zum Zeitpunkt der Elektrifizierung Offenburg – Villingen im September 1975 nach Oldenburg kam. Im August 1976 ist sie zur Mittagszeit mit dem 7426 von Leer nach Rheine südlich von Papenburg unterwegs. (oben)

Ein paar Meter weiter südlich und ein paar Sonnenstrahlen weniger kommt der mit der schmuddeligen 043 381 und der gepflegten 043 636 bespannte sogenannte „Lange Heinrich“ am Fotografen vorbei. (rechts)

Im August 1974 brettert 012 075 im besten Morgenlicht mit dem D 1731 von Münster nach Norddeich Mole im bekannten Einschnitt von Lathen nach Norden. (oben)

Zwei Jahre später sind die 012 verschwunden, aber Dampf gibt es noch vor Güterzügen. 042 218 und 042 073 schleppen gemeinsam einen Güterzug in Richtung Emden und passieren hier die Schleuse Dörpen des knapp 70 Kilometer langen Küstenkanals von der Ems zur Hunte bei Oldenburg. Bemerkenswert ist, dass die Entfernung zur namensgebenden Küste etwa so weit ist, wie der Kanal lang. Wie Helmut Bittner in Ermangelung einer Brücke die Fotoposition erreicht hat, bleibt im Dunkeln. (links)

Durch die sandige Landschaft bei Lathen ist 042 164 im August 1974 mit einem mit Kohle beladenen Güterzug aus E-Wagen unterwegs. (oben)

Der Zustand der 043 321 verströmt im August 1977 Endzeitstimmung, als sie mit einem Militärzug bei Hanekenfähr in Richtung Rheine fährt. Im Hintergrund beherrschen Kühlturm und Schornsteine des Gaskraftwerkes Lingen die Kulisse, während die Anlagen des dahinter liegenden bereits 1979 stillgelegten Kernkraftwerkes kaum auszumachen sind. Rechts außerhalb des Bildes wird das Kernkraftwerk Emsland, welches bis Anfang 2023 zu den letzten noch betriebenen seiner Art gehörte, erst noch gebaut werden. (rechts)

Gut einen Kilometer nördlich vom Bahnhof Rheine überquert die Strecke nach Quakenbrück die Hannoversche Westbahn nach Emden. Helmut Bittner hat sich im Januar 1974 am späten Vormittag auf dem Bahndamm zur Brücke aufgestellt. Im Streiflicht der Wintersonne entwickelt 012 100 ein schöne Dampffahne, als sie mit D 735 von Köln nach Norddeich Mole um kurz nach elf Uhr am Fotografen vorbeikommt. (oben)

EIne knappe Stunde später fährt die Hannoveraner 220 074 den E 1526 von Hildesheim nach Hengelo, den sie von Löhne bis Bentheim bespannt. Im Hintergrund rechts die St. Petri-Kirche in Rheine mit ihrem markanten Turm. (links)

Der Fotostandort der Aufnahmen auf der linken Seite ist hier links am Bildrand zu erkennen. Im besten Licht der tiefstehenden Wintersonne rauscht 042 106 mit ihrem E-Wagen-Zug am Fotografen vorbei. Wenige Kilometer weiter wird die 042 in Rheine Rbf abspannen und den Zug an eine 140 übergeben. (oben)

Für diese Aufnahme musste sich der Fotograf gegenüber dem Bild oben nur umdrehen. 012 101 ist vor wenigen Augenblicken in Rheine mit E 1937 von Münster nach Norddeich Mole abgefahren und beschleunigt mit eindrucksvoller Dampfentwicklung. Der Posten 210, am km 210,086 gelegen, ist für die Bedienung der Schranken des BÜ Lessingstraße zuständig. (rechts)

Im Januar 1974 ist 012 081 mit E 1806 um kurz vor acht Uhr in Norddeich Mole abgefahren und erreicht nach zweieinhalb Stunden Rheine, wo sie den Zug an eine E-Lok für die Weiterfahrt nach Essen übergibt. (oben)

Dass am Nummernschild der 043 737-6 im August 1974 zwei Ziffern hervorstechen, liegt daran, dass die Lok als letzte DB-Dampflok erst im Mai des Jahres von Kohle- auf Ölfeuerung umgebaut wurde. Mit einem Zug aus E-Wagen ist sie in Rheine nach Emden unterwegs. (links oben)

Der Jom-Kippur-Krieg löste im Herbst 1973 die erste Ölkrise aus, in deren Folge etliche ölgefeuerte Dampfloks abgestellt wurden. Dazu gehörte auch 043 321, die erst im November 1973 auf Ölfeuerung umgebaut worden war. Zusammen mit etlichen Leidensgenossinnen harrt sie in Osnabrück Rbf der im Frühjahr erfolgenden Wiederinbetriebnahme. Als zweite der drei späten Umbauloks hatte übrigens 043 196 im Dezember 1973 das AW Braunschweig mit neuer Nummer verlassen. (links)

Im August 1974 hat die Osnabrücker 104 020 ihren Zug in Rheine an eine 012 übergeben, deren Rauchschwaden durchs Bild ziehen. (rechts)

Dieses Bild war im Juni 1975 in Rheine nur durch die etwa zwanzigminütige Verspätung des D 230 „Skandinavien-Holland-Express“ von København nach Hoek van Holland möglich. Die Hannoveraner 220 066 hatte den Zug in Osnabrück Personenbahnhof oben übernommen und bringt ihn nach Bentheim. Daneben hat sich die Oldenburger 220 038, die erst am 15. Juni aus Villingen in den Norden kam, vor den DC 914 „Münsterland“ gesetzt. Aus Frankfurt kommend setzt er planmäßig nach acht Minuten die Fahrt nach Emden fort. (oben)

Im Juli 1977 ist 220 031 am DC 914 im Einsatz. Die Popwagen sollten die Bedeutung der kurzlebigen Zuggattung unterstreichen, konnten sie aber auch nicht retten. (rechts oben)

Nachdem am 30. Mai 1976 auf den Streckenabschnitten Löhne – Lüstringen und Salzbergen – Bentheim der elektrische Betrieb aufgenommen worden war, konnte E 2246 von Braunschweig nach Amsterdam auf dem gesamten deutschen Laufweg ohne Lokwechsel fahren. Im Juni 1976 ist die Dortmunder 112 308 im Einsatz. Die bereits ihrer Schürzen und Pufferverkleidungen entledigte und mit Klatte-Lüftergittern ausgestattete Lok hat im warmen Abendlicht um viertel vor acht Uhr abends Rheine erreicht. (rechts)

Im Juli 1977 erreicht 104 019 nach nur 36 Kilometern und gut einer halben Stunde Fahrzeit mit dem Zug 7273 aus Münster um kurz vor acht Uhr abends den Zielbahnhof Rheine. (rechts außen)

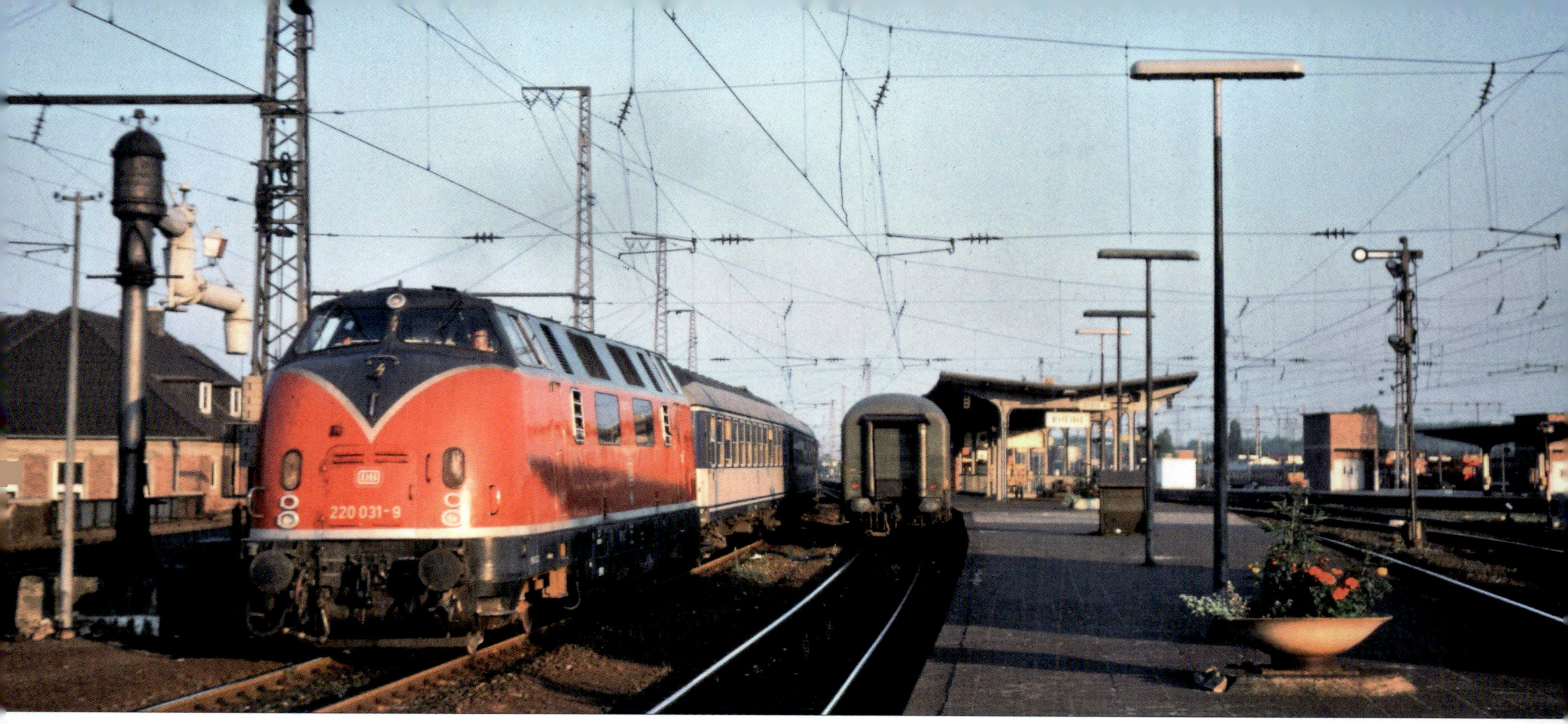

DB
112 308-2
RHEINE

104 019-5

Ost-Niedersachsen

Zum Ende des Winterfahrplans 1983/84 endete der Planeinsatz der V 200 beim Bw Lübeck als letztem Bw, das diese Loks einsetzte. V 200 007 avancierte im Frühjahr 1984 bereits zur Museumslok und hatte in dieser Funktion ihren ersten Auftritt im Planeinsatz am 14. April 1984 mit dem Heckeneilzug E 3217 von Kiel nach Bad Harzburg. Verstärkt wurde der Zug mit drei Salonwagen für Eisenbahnfreunde. An erster Stelle läuft der ehemalige Rheingold-Buckelspeisewagen und dahinter ein rot/beiger-Schürzenspeisewagen. Der gut zwanzigminütige Aufenthalt in Lüneburg lässt reichlich Zeit für ein Foto.

Von Juni 1974 bis Februar 1975 wurden als Nachfolger der Schienenbusse acht einteilige 627 und zwölf zweiteilige 628 in Dienst gestellt, von denen drei 627 und vier 628 in Braunschweig und die anderen Fahrzeuge in Kempten stationiert wurden. Im Juli 1975 ist 628 014 mit dem mit Gepäckabteil ausgerüsteten 628 004 als 6563 von Bremen nach Uelzen unterwegs und erreicht um kurz nach halb zehn Uhr Achim.(oben)

Knapp zwei Stunden später hat der Zug nach der Fahrt durch die Lüneburger Heide seinen Zielort Uelzen auf Gleis 302 auf der westlichen Seite des Inselbahnhofes erreicht. Die Gleise auf der Ostseite tragen übrigens die Nummern ab 101 – mit weniger gibt man sich nicht zufrieden. Die Umgestaltung zum Hundertwasserbahnhof erfolgt als Expo-2000-Projekt zur Jahrtausendwende.(rechts)

Zur Industriemesse Hannover wurden früher aus allen Himmelsrichtungen Dutzende von Sonderzügen gefahren, die das Publikum bis vor die Haustür im Messebahnhof brachten. In vielen Fällen waren dies erstklassige Züge, aber, wie aus den Abbildungen ersichtlich, musste manch ein Messebesucher auch mit dem für längere Strecken zweifelhaften Komfort der Silberlinge Vorlieb nehmen. Der durch seine Warnpfeile auffallende Sonderling 110 365 hat 1982 einen solchen Zug am Haken (oben), während die erste Klasse dafür mit der langsamen 140 378 des Bw Seelze auskommen muss (unten links). Wieder mit Silberlingen ist 1983 die Hamburger 112 309 im Einsatz (unten rechts).

Die Schienenbusnachfolger des Bw Braunschweig hatten trotz ihrer geringen Anzahl ein großes Einsatzgebiet zwischen dem Harz und Bremen. Der einteilige 627 005 ist im Dezember 1977 als E 3421 aus Derneburg um kurz nach 13 Uhr in Vorsfelde angekommen. Wenige Minuten später wird er als E 3422 nach Fallersleben fahren. Zum 1. Juni 1980 werden die Braunschweiger 627 und 628 übrigens zu ihren Kollegen ins Allgäu übersiedeln.

Während allein aufgrund der längeren Einsatzzeit bei der Baureihe 221 viele Maschinen das Schicksal der blau/beigen Farbgebung ereilte, waren nur drei 220er davon betroffen. Im August 1976 hat die Lübecker 220 023 mit dem Heckeneilzug E 3235 von Hamburg-Altona nach Kreiensen den 1960 eröffneten neuen Braunschweiger Hbf erreicht. Der Weg hierher führte über Gifhorn und geht weiter über Wolfenbüttel und Bad Harzburg. In Lüneburg erfolgte übrigens ein Kurswagentausch mit dem E 3231 von Kiel nach Bad Harzburg, der sein Ziel über Lehrte und Hildesheim zwölf MInuten vor dem E 3235 erreichte. (oben)

Laut Kursbuch sollte der Nahverkehrszug 6178 von Braunschweig nach Goslar als Triebwagen verkehren. Im Januar 1976 ist aber die Lehrter 052 798 mit Vorkriegseilzugwagen eingesetzt. (links)

Zu den recht kuriosen allerletzten Personenzugleistungen mit Dampflok bei der DB gehörte der E 3104, der Bad Harzburg um viertel nach acht Uhr morgens mit Ziel Hannover verließ. Nach nur elf Kilometern war der Dampfeinsatz aber in Goslar schon wieder zu Ende und sieben Minuten nach der Ankunft fährt der Zug mit einer Diesellok über Salzgitter, Derneburg und Hildesheim weiter. Im Januar 1976 hat 044 085 vom Bw Ottbergen Dienst. (oben)

Der auf der linken Seite unten zu sehende Zug hat nach der gut einstündigen Fahrt durch den Winterabend um kurz vor acht Uhr sein Ziel Goslar erreicht. (rechts)

Sowohl die Nummerierung der Gleise als auch deren Anzahl und Anordnung haben sich in Vienenburg seit dem Aufnahmezeitpunkt im April 1980 geändert. Mittlerweile sind es nur noch drei Bahnsteiggleise, aber einen Fußgängersteg kann der Fahrgast und Fotograf auch heute noch nutzen. Ein Braunschweiger 613, vermutlich als Zug 6127 von Kreiensen nach Braunschweig fährt um die Mittagszeit in den Bahnhof mit einem der ältesten erhaltenen Empfangsgebäude in Deutschland ein. Bereits 1841 wurde die schon 1838 von Braunschweig nach Wolfenbüttel eröffnete erste deutsche Staatseisenbahn nach Bad Harzburg verlängert. Der steigungsreiche Abschnitt ab Vienenburg wurde die ersten zwei Jahre im Pferdebetrieb bewältigt. Die Zweigstrecke nach Goslar, über die der 613 kommt, wurde 1866 eröffnet. Vom einst bedeutenden Rangierbahnhof Vienenburg zeugt heute nur noch das beeindruckende Fahrdienstleiter-Stellwerk „Vof“ aus dem Jahr 1926.

Wenn ein 601 in dieser Zusammenstellung unterwegs war, handelte es sich in der Regel um eine Fahrt vom oder zum Ausbesserungswerk in Nürnberg. Im April 1980 erwischt Helmut Bittner den Dreiteiler laut Aufzeichnungen in Kreiensen, was aber durchaus bezweifelt werden kann. (oben)

In gut vier Jahrzehnten seit dem Aufnahmezeitpunkt 1980 hat sich an dieser Perspektive in Kreiensen erstaunlich wenig verändert. Am rechten Bildrand sind ein paar Gleise verschwunden, die Bahnsteige sind modernisiert und Lokschuppen und Drehscheibe im Hintergrund werden nicht mehr durch die Bahn genutzt. Im Sommer 1980 trifft die Braunschweiger 216 097 um sechs Uhr nachmittags mit E 2873 aus Flensburg hier ein. Den Zug hatte sie in Kiel übernommen und über Lübeck, Lüneburg, Uelzen, Isenbüttel-Gifhorn, Braunschweig, Salzgitter und Seesen ans Ziel gebracht. (rechts)

Quer durch die Mitte

Bad Wildungen hat im Jahr 2023 immerhin noch eine zweistündliche Bahnverbindung nach Kassel. Wer ein Ziel in westlicher Richtung ansteuern möchte muss entweder auf den Bus ausweichen, oder aber den Umweg nehmen. Im April 1983 ist das noch anders. Die frisch aus dem Ei gepellte Kasseler 216 217 wird sich in zwei Minuten mit E 2328 über Korbach nach Hagen aufmachen, wo sie den Zug nach gut drei Stunden für die Weiterfahrt via Oberhausen und Emmerich nach Amsterdam an eine E-Lok weitergibt. Bis Hagen müssen heute zwei Umstiege und etwa eine Stunde mehr eingeplant werden. Auch nach Amsterdam dauert es 2023 mindestens eine halbe Stunde länger und man kann zwischen zwei und sieben mal Umsteigen wählen. Vielleicht gibt es aber auch nicht mehr soviel Reisebedarf auf dieser Verbindung. (oben)

Nördlich des Mains waren Altbau-E-Loks außer den nach Osnabrück, Hagen und Oberhausen ausgewanderten 104, 119 und 191 selten zu sehen. Für die Mannheimer 194 gab es aber Leistungen bis nach Bebra. Mit einem Güterzug nach Norden durchfährt hier 194 187 im Jahr 1980 Fulda, wo sich mit dem Umbau im Zuge der Neubaustrecke Würzburg – Hannover das Bild im Laufe der 1980er Jahre deutlich gewandelt hat. (rechts oben)

Fulda war zeitweise östlichster Wendepunkt für die Limburger Zigarren. 517 007 und ein 817 haben im Juni 1978 als E 3770 von Fulda nach Limburg um 16 Uhr eine knappe Viertelstunde Aufenthalt in Gießen. Für die 170 Kilometer werden zweidreiviertel Stunden gebraucht. (rechts)

Die Strecke Betzdorf – Haiger – Dillenburg war Teil der 1859 – 1862 durch die Cöln-Mindener Eisenbahn eröffneten Hauptbahn von Köln nach Gießen, welche nach Eröffnung des Rudersdorfer Tunnels und damit der besser trassierten Verbindung über Siegen erheblich an Bedeutung einbüßte. Mittlerweile zur Nebenstrecke herabgestuft, wurde 1965 das zweite Gleis abgebaut. Im Jahr 1983 hatte die Verbindung aber immerhin noch recht regen Verkehr mit Siegener 798 aufzuweisen. Ein unerkannter 798 ist mit Steuerwagen in Neunkirchen (Kreis Siegen) von Dillenburg nach Betzdorf unterwegs.

Im Januar 1979 muss die Osnabrücker 104 021 mit Zug 8619 von Münster nach Osnabrück nachmittags um kurz vor drei Uhr in Lengerich die Überholung des um etwa dreißig Minuten verspäteten TEE 33 „Parsifal" Paris – Hamburg, abwarten, der von der Hamburg-Eidelstedter 103 243 gezogen wird. Gegenüber den zu dieser Zeit noch erstklassigen und meist kürzeren IC-Zügen wiesen die meisten TEE-Züge ein größere Länge auf. (oben)

Im Jahr 1961 wurden je zwei dreiteilige Triebzüge der Baureihen VT 23^5 von MAN und VT 24^5 von der Waggonfabrik Uerdingen bei der DB in Dienst gestellt. Für die ab 1964 gebauten Serienfahrzeuge wurde die Raumteilung der Uerdinger und die Quadratschädelform der MAN-Fahrzeuge übernommen. Im Juli 1979 hat der Uerdinger Rundling 624 503 seine Übergangseinrichtung verloren, trägt aber noch die altrote Farbe. Südlich des Bielefelder Hbf wartet der Zug auf den nächsten Einsatz. (rechts)

Die ehemaligen TEE-Triebzüge wurden im Oktober 1978 noch als Intercity-Züge eingesetzt und hatten dafür eine entsprechend beschriftete Blechplatte über dem alten TEE-Emblem erhalten. Die in Hamburg-Altona beheimateten 601 004 und 601 011 sind in Werne allerdings im Sonderzugdienst zu sehen. (oben)

Die Hagener 141 284 hat zeitgemäß ihre Dachrinne verloren und das blau/beige Farbkleid angelegt. Behalten hat sie die Griffstange unter den Stirnfenstern und die zugehörigen Trittbleche. Im März 1976 erreicht sie mit E 3260 von Norddeich Mole nach Essen um kurz vor zwölf Uhr den nach Kriegszerstörung 1962 neu eröffneten Hauptbahnhof der Stadt der Ruhrfestspiele, Recklinghausen. In dem Gebäude hinter der Lok residiert heute unter anderem die Bundespolizei. Das Empfangsgebäude liegt südlich links außerhalb des Bildes. (links)

Das Jahr 1974 brachte das Ende der letzten Länderbahn-Dampfloks bei der DB, zu denen neben drei 038 und einer 078 auch zehn 094 gehörten – drei davon aber bereits seit 1973 z-gestellt. Im März sind in Hamm mit 094 730 (oben) und 094 055 (rechts) die beiden Exemplare zu sehen, die mit der rückwirkend verfügten z-Stellung am 5. Dezember und Ausmusterung als Bescherung am 24. Dezember die allerletzten ihrer Reihe waren. 094 730 hatte noch am 23. Dezember ihren letzten Einsatz. Betriebsfähig waren 1974 daneben noch je zwei in Emden und Ottbergen stationierte Loks und eine in Lehrte..

Im Januar 1979 liegen in Essen schmuddelige Schneereste, nachdem vor allem der Norden der Republik zum Jahreswechsel in einem ungewöhnlichen Schneechaos versunken war, dem im Februar erneut eine dramatische Winterwetterlage folgte. 104 022 wartet um kurz nach fünf Uhr nachmittags mit einem Zug nach Haltern auf Abfahrt. (oben)

Mit einem Zug der S 3 nach Oberhausen steht im August 1978 in Hattingen der sogenannte Karlsruher Zug aus modernisierten Silberlingen bereit. Auffällig ist die Lackierung in Beige mit türkisblauem Fensterband. Schwach ist am Zugende die zugehörige Lok 141 248 zu erkennen, deren Lackierung nur bei seitenrichtiger Stellung ein vernünftiges Bild abgab. Dasselbe Problem ist heute bei den Railjet-Garnituren von ÖBB und ČD zu sehen. (links)

Mit vier größeren und einem kleinen Hallenschiff und neun Bahnsteiggleisen weist der 1908 erbaute Hauptbahnhof von Mönchengladbach eine beachtliche Größe auf. Im April 1981 bespannt 110 326 den D 215, der kurz vor sieben Uhr Hoek van Holland verlassen hat, von einer NS-Lok bis Venlo gebracht wurde und nach der Abfahrt in Mönchengladbach um kurz vor zehn Uhr eine knappe Stunde später sein Ziel Köln erreicht. Hinter dem niederländischen Packwagen mit seinen eigentümlich nach innen geneigten Seitenwänden und der ausgestellten Zugführerkanzel laufen moderne Schnellzugwagen in der schicken blau/gelben Lackierung. (oben)

Ein Sprung über die Grenze nach Belgien: Die Viersystem-Lok 184 001 fährt als Vorspann vor der belgischen 2602 im Juli 1976 mit dem TEE 32 „Parsifal“ Hamburg-Altona – Paris Nord in Liège-Guillemins ein. Da immer wieder Probleme mit den Thyristoren der Loks auftraten, die den Überspannungen im belgischen Netz nicht verlässlich gewachsen waren, wurde der Einsatz nach Belgien 1979 beendet, der Gleichstromteil stillgelegt und die Loks von Köln nach Saarbrücken umstationiert. Die beiden stirnseitigen Stromabnehmer entfielen. (oben)

Im Gegensatz zum auf der Vorseite gezeigten Bild sind beim E 2517 von Den Haag nach Köln-Deutz noch Wagen in der alten blauen Lackierung eingereiht. Mit 110 429 kommt der Zug im Oktober 1977 in Mönchengladbach Hbf an. (links)

Durch Rheinland-Pfalz nach Westen

Die Baureihe ET 26 der DB hat eine ungewöhnliche Entstehungsgeschichte. Von den vier zweiteiligen Triebzügen stammt einer von der Werksbahn des Raketenversuchszentrums Peenemünde, der 1945 im Westen verblieb. Ein weiterer entstand aus einem ET/EB 165 der Berliner S-Bahn, welcher zur Instandsetzung im Kölner Raum war. Die beiden anderen wurden aus von der Herstellerfirma Wegmann nicht mehr nach Berlin abgelieferten EB 167 umgebaut. Diese Fahrzeuge wurden zunächst Ende der 1940er Jahre als ET 182 für die mit Gleichstrom betriebene Isartalbahn in Betrieb genommen und bis 1955 dort eingesetzt. Der danach erfolgte Umbau auf das Wechselstromsystem führte zur Umzeichnung in ET/ES 26. Im August 1972 kamen alle vier jetzt als 426/826 bezeichneten Züge aus Regensburg nach Koblenz, wo sie bis 1977/78 im Pendelverkehr von Koblenz nach Kobern-Gondorf und Neuwied eingesetzt wurden. 426 001 und 462 002 fahren im April 1977 aus Kobern-Gondorf kommend in Koblenz Hbf ein.

Der Bahnhof von Bad Kreuznach ist keilförmig angelegt. Der links im oberen Bild zu sehende Zug 2354 von Bingerbrück nach Türkismühle befährt die 1858 eröffnete Nahetalbahn. Die in Kaiserslautern beheimatete 023 009 bespannt den Zug 36367, der um kurz nach 13 Uhr Bad Kreuznach verlässt und ab Bad Münster am Stein die 1871 eröffnete Alsenztalbahn nach Hochspeyer befährt und auf der pfälzischen Hauptbahn Kaiserslautern erreicht. (oben)

Im Oktober 1975 rauscht die gerade ein halbes Jahr alte 218 378 mit D 259 aus Paris Est nach Frankfurt ohne Halt durch den Bahnhof Bad Münster am Stein. Die Lok, die entsprechend der ursprünglichen Farbaufteilung des neuen Farbschemas ein türkises Dach trägt, hat den Zug in Kaiserslautern übernommen und wird ihn – ab Mainz unter Fahrdraht – bis ans Ziel bringen. Den Wagenpark stellt die SNCF. (links)

Die von Henschel gebaute 218 369 zählt zur letzten in altroter Farbgebung gelieferten Serie der Baureihe 218 mit den Nummern 361 bis 375. Im Oktober 1975 bespannt sie den E 3363 von Saarbrücken über die Nahetalbahn nach Frankfurt. Kurz vor Bad Münster am Stein passiert sie die beeindruckende 1200 Meter lange und 202 Meter hohe Rotenfels-Formation, die als höchste Felswand zwischen Alpen und Skandinavien heute bei Kletterern beliebt ist.

Im Dezember 1974 lief die Auslieferung der Serienloks der Baureihe 181^2, aber sie hatten ihre Vorfahren noch nicht aus den hochwertigen Diensten vertrieben. So setzt sich 181 002 am späten Vormittag mit dem aus Heidelberg kommenden Kurswagen 1./2. Klasse an den D 254, der mit einer 218 von Frankfurt über Mainz und Bad Kreuznach in die pfälzische Metropole Kaiserslautern gekommen war. Nach acht Minuten Aufenthalt wird die Zweisystemlok den Zug über Saarbrücken nach Metz bringen, von wo er mit SNCF-Lok nach Paris Est weiterfährt, welches nach gut siebenstündiger Fahrt erreicht wird. (oben)

Im Oktober 1984 ist das zweiklassige IC-Zeitalter längst angebrochen und die auf den Namen „Saar" getaufte Serienlok 181 213 führt den IC 157 von Paris Est ab Metz durchgehend bis zum Zielbahnhof Frankfurt (Main) Hbf. Um kurz vor zwei Uhr mittags legt der Zug, der sogar Gepäckbeförderung anbietet, in Neustadt (Weinstr) einen Zwischenhalt ein. (links)

Nur sieben Serienloks der Baureihe 181^2 wurden in blauer Farbgebung abgeliefert. Die letzte ist 181 207, die im Oktober 1984 den Bahnhof Neustadt (Weinstr) auf dem Weg nach Saarbrücken verlässt. Die Signalbrücke musste mittlerweile weichen; Bestand hat aber natürlich das Pfalzbahnmuseum der DGEG, welches im alten pfälzischen Lokschuppen untergebracht ist, der rechts außerhalb liegend nicht mehr aufs Bild passte. Die Bahnhofsuhr am Hausbahnsteig zeigt 13:25 Uhr, sodass es sich bei dem Zug um den etwa 15 Minuten verspäteten D 2550 von Passau – sonntags nur ab Nürnberg – nach Saarbrücken handelt, den die Lok ohne Nutzung ihrer 25 kV/50 Hz-Ausrüstung von Heilbronn bis Saarbrücken befördert..

Die am 2. Dezember 1974 vorläufig und am 18. endgültig abgenommene 181 216 ist in dieser Zeit mit dem Zug 4642 von Lebach nach Saarbrücken vermutlich im Probeeinsatz oder auf Personalschulungsfahrt. Die 1879 eröffnete Strecke Saarbrücken – Wemmetsweiler – Neunkirchen wurde bereits 1965/66 elektrifiziert, die Strecke von Wemmetsweiler nach Lebach hingegen nicht. So ist der Zug von Lebach mit V 100 angekommen, die am Zugende zu erkennen ist. Die 181 wird die 28 Kilometer lange Strecke bis Saarbrücken übernehmen. Der Bahnhof Wemmetsweiler wurde 2006 als Personenzughalt zugunsten eines ortsnahen Haltepunktes aufgegeben. Das wuchtige Bahnhofgebäude existiert noch in beklagenswertem Zustand, aber auf dem Gleis 1 kann heute kein Zug mehr fahren.

Zu den drei 1960 in Betrieb genommenen ersten Zweisystemloks der DB-Baureihe E 320 für den Verkehr mit Frankreich gehörte auch 182 011. Die vom äußeren Erscheinungsbild der E 40 ähnelnde Lok ist im Januar 1975 in Saarbrücken mit dem D 259 aus Paris Est eingetroffen. Den Zug hat sie in Metz übernommen und bringt ihn bis Kaiserslautern, wo ihn bis zum Zielbahnhof – wie auf Seite 56 unten zu sehen – eine 218 übernimmt. (oben)

Die ersten beiden Garnituren der Baureihe 614 wurden 1971/72 in Trier stationiert und waren vor allem auf der Moselbahn und der Saarstrecke eingesetzt. Kurz vor der im Mai 1974 erfolgenden Umstationierung nach Nürnberg sind 614 002 und 614 004 in Saarbrücken Hbf eingetroffen; nebenan eine zweiteilige Einheit der Vorgängerbauart aus einem 624 und 634 613. (rechts)

Im April 1976 existiert in Saarbrücken Hbf noch das ursprüngliche Bahnhofsgebäude von 1852 in Insellage, welches dann aber 1978/79 abgerissen wird, um Platz für weitere Durchgangsgleise zu schaffen. Um 16.41 Uhr ist auf der Nordseite 181 218 mit dem aus französischen Wagen gebildeten D 256 aus Frankfurt angekommen, der neun Minuten später über Forbach in Richtung Metz weiterfahren wird. Dort wird ihn eine französische Lok bis zum Ziel in Paris Est übernehmen. Übrigens wirkt der Stromabnehmer etwas hochbeinig, weil die Dachhöhe der Zweisystemloks für das französische Profil etwas niedriger ist, als in Deutschland üblich.

Auf der anderen Seite des Inselgebäudes wartet auf Gleis 5 die blaue 181 205 mit dem D 606 von Saarbrücken über Trier und die Eifelbahn nach Köln Deutz, der die gleiche Abfahrtszeit wie der links abgebildete D 256 hat. Die 181 wird in Trier abspannen und auch bei dieser Zugleistung ihre Zweisystemeinrichtung nicht benötigen. Für die knapp 270 Kilometer bis Köln braucht der Zug fast vier Stunden und ist mit einer Reisegeschwindigkeit von 68 km/h nicht gerade ein schneller Schnellzug.

Die Bilder dieser Doppelseite zeigen die Baureihe 181^2 jeweils unter Oberleitung, durch die Wechselstrom mit 25 kV und 50 Hz fließt. Gegenüber den Bildern aus dem deutschen Netz ist erkennbar, dass der andere Stromabnehmer am Draht ist. Die letzte Serienlok, 181 225, steht in Strasbourg im Juli 1980 mit einem Zug in Richtung Karlsruhe bereit. Auf der Rheinbrücke bei Kehl wird sie ins deutsche Stromsystem wechseln. (oben)

Der Systemwechsel auf der Strecke Saarbrücken – Metz findet bei Forbach unmittelbar an der Grenze auf französischer Seite statt. 181 218 zieht im Mai 1982 links oben den IC 152, der aus deutschen 1. Klasse-Wagen und französischen der 2. Klasse besteht, von Frankfurt nach Paris Est durch Forbach. In der Gegenrichtung ist links 181 225 mit D 259 von Metz nach Frankfurt unterwegs.

Zwischen Trier und dem luxemburgischen Wasserbillig findet der Systemwechsel auf der Grenzbrücke über die Sauer statt. 181 203 ist im September 1975 mit E 2054 von Frankfurt nach Luxembourg unterwegs. (rechts)

145 152-5

Baden-Württemberg

Nachdem im Mai 1960 der Betrieb mit dem abweichenden Stromsystem mit 20 kV/50 Hz auf der Höllentalbahn auf das bei der DB normale System umgestellt worden war, waren die Loks der Baureihe E 44 mit Widerstandsbremse – ab 1968 als 145 bezeichnet – für die Zugförderung zuständig. Nach vielem Hin und Her übernahmen schließlich im Sommerfahrplan 1979 die Loks der Baureihe 139 das Regiment.

Im April 1976 hat 145 168 den E 3585 von Freiburg nach Donaueschingen am Haken und um 8:18 Uhr in Titisee den Scheitelpunkt der Strecke hinter sich gelassen. (oben)

Im Bahnhof Hirschsprung gelingt im Mai 1974 aus dem bereits von einer 139 geführten E 1562 von Donaueschingen nach Freiburg der Blick auf 145 176, die den Zug 4567 von Freiburg nach Neustadt am Haken hat. (rechts)

Im Mai 1974 verlässt 145 152 am frühen Nachmittag Freiburg Hbf mit E 2031 nach Rottweil. (links)

Seit Ende September 1975 wird auf der Schwarzwaldbahn von Offenburg bis Villingen elektrisch gefahren. Der weitere Abschnitt bis Singen folgt zwei Jahre später. Im April 1976 erfolgt demzufolge in Villingen Lokwechsel. 221 141 hat sich morgens gegen sieben Uhr vor den D 709 von Offenburg nach Konstanz gesetzt. In Offenburg übernahm der Zug einen gemischtklassigen sowie einen Schlafwagen als Kurswagen aus dem D 209, der um 21:41 Uhr am Vorabend Dortmund mit Ziel Basel SBB verlassen hatte und weitere Sitz-, Liege- und Schlafwagen als Kurswagen nach Chur, Brig und Interlaken führte. Der D 709 führt einen Post- und zwei Packwagen, die sicher reichlich Expressgut an Bord haben. Dahinter folgen ein Sitz-, ein Schlaf- und zwei weitere Sitzwagen. Ab Singen fährt der Zug als E 709. Beim Tanken wurde reichlich gekleckert.

Als letzte ihrer Art hielt sich in Rottweil die 078 246 bis Ende 1974 und war noch fleißig im Einsatz. Im Mai 1974 hat sie am frühen Nachmittag mit dem Zug 3937 aus Tübingen ihre Heimat erreicht. Später am Tag wird sie vermutlich noch eine Leistung nach Villingen und zurück übernehmen. (oben)

Im Frühjahr und Sommer 1974 standen Elektrifizierungsarbeiten an der gut 40 Kilometer langen Strecke Böblingen – Horb an und die BD Stuttgart benötigte natürlich Loks für die Bauzüge. Aus dem Bw Crailsheim wurden dafür zwei 023 und zwei 064 verdingt, die von den Bw Freudenstadt und Rottweil nicht nur für den Bauzugdienst betreut, sondern durchaus auch im Plandienst verwendet wurden. Im Mai 1974 sonnt sich 023 070 vor dem markanten Lokschuppen des Bw Rottweil. (rechts)

Auch drei 038 retteten sich im Bw Rottweil noch betriebsfähig ins Jahr 1974. Allerdings währte ihr Einsatz nicht mehr lange, da alle drei mit Schäden im Frühjahr zunächst ausschieden. 038 382 und 038 772 wurden aber teilweise mehrfach wieder repariert und 038 772 hielt sich letztlich bis zum Jahresende betriebsfähig. Im April 1974 erreicht 038 382 mit Zug 3937 von Tübingen nach Rottweil um viertel nach ein Uhr mittags den Bahnhof Dettingen südlich von Horb. Deutlich ist das Planum des zweiten Gleises erkennbar, welches auf der Strecke Horb – Tuttlingen zwischen 1926 und 1943 verlegt wurde. Bereits 1946 ordnete die französische Besatzung die Demontage des zweiten Gleises an, welches bis heute noch nicht wieder durchgehend aufgebaut wurde.

Bevor sie Ende des Monats mit Nietlochanrissen am Langkessel abgestellt werden muss, ist 038 382 im April 1974 zunächst noch fleißig unterwegs. Früh um 7:21 Uhr ist sie in Freudenstadt mit E 1946 aufgebrochen, mit dem sie hier eine halbe Stunde später Eutingen erreicht., von wo der Zug mit Diesel nach Stuttgart weiterfährt und die P 8 im Bahnhof solo abgelichtet werden kann (rechts). Im Bild oben ist links die Verbindungsbahn Hochdorf – Horb, zu sehen, die den Bahnhof Eutingen umgeht. Rechts ein heute verschwundenes Anschlussgleis, dessen Verlauf man aber noch zwischen den Äckern erkennen kann und mit dem das dort befindliche DHL-Paketzentrum angeschlossen werden könnte, wenn man an solchen Stellen heute nicht ausschließlich auf den LKW setzen würde.

Die Kinzigtalbahn Eutingen – Freudenstadt – Hausach gehörte zu den letzten Einsatzstrecken der P 8 und weist zahlreiche reizvolle Fotomotive auf. Im Herbst 1974 kommt 038 772 gerade mit dem Zug 3977 von Freudenstadt nach Hausach nachmittags um halb drei Uhr bei Schenkenzell aus dem 78 Meter langen Stocktunnel und überquert Bundesstraße und Kinzig auf einer der hier zahlreichen Gitterbrücken, die zum Aufnahmezeitpunkt fast hundert Jahre alt waren und – anders als viele neuere Brücken – auch ihren hundertfünfzigsten Geburtstag erleben werden.

Die vorliegenden Aufzeichnungen von Helmut Bittner weisen den Juni 1985 als Zeitraum für diese Aufnahme aus. Da 144 024 aber bereits am 29. Mai 1983 z-gestellt wurde, muss die Aufnahme in Mühlacker einige Zeit früher entstanden sein. Der angegebene Zug 5167 von Mühlacker nach Bietigheim-Bissingen fuhr allerdings etliche Jahre etwa um 16 Uhr über die 23 Kilometer lange Distanz. (oben)

Das imposante Empfangsgebäude von Blaubeuren steht heute noch und auch der Zugang zum zweiten Bahnsteig findet noch ebenerdig statt; allerdings würde aus dieser Perspektive ein monströses Überführungsbauwerk den Blick stören. Im Oktober 1976 nimmt Helmut Bittner die schmuddelige 218 358 mit Zug 6420 von Ulm nach Munderkingen als Beifang auf, während er auf einen Sonderzug mit 98 812 wartet, der auf Seite 171 zu sehen ist. (rechts)

Dieselelektrische Loks waren bei der Deutschen Bundesbahn Exoten, da von Anbeginn an auf die dieselhydraulische Variante gesetzt wurde. Nach zwei Exemplaren von Krupp und Henschel aus den 1960er Jahren, die kurzzeitig als DE 1500 und DE 2000 beziehungsweise ab 1968 als 201 001 und 202 001 im Testeinsatz waren, brachten die Drehstrom-Asynchron-Motoren eine neue Technik, die sich auch bei den rein elektrischen Lokomotiven heute längst durchgesetzt hat. Nach einer ersten DE 2500 von 1971 baute Henschel zusammen mit BBC zwei weitere Loks. Alle drei waren bei der DB als 202 002 bis 004 bis 1977, 1985 beziehungsweise 1983 vom Bw Mannheim aus im Testeinsatz. Die blau lackierte sechsachsige 202 004 hat mit einem Güterzug aus Mannheim im Juli 1977 Eberbach erreicht. 202 002 war übrigens weiß, 202 003 zunächst orange lackiert. Diese vierachsige Lok erlebte als blaue UmAn-Versuchslok noch einen spektakulären Wandel mit einseitig stromlinienförmiger Stirnverkleidung, die später wieder entfernt wurde. 202 004 kann heute im Technikmuseum Mannheim bestaunt werden.

Im März 1974 hat die noch im Originalzustand mit Schürze und Pufferverkleidungen befindliche 110 397 mit DC 951 „Frankenland“ von Saarbrücken über Heidelberg, Heilbronn, Crailsheim, Ansbach nach Nürnberg um 10:19 Neckarelz erreicht, wo mit 023 040 vor E 1643 Anschluss nach Würzburg besteht. (oben)

Im Juni 1975 obliegt die Bespannung des DC 951 „Frankenland“ der Zweisystemlok 181 214, die um kurz nach zehn Uhr morgens Eberbach erreicht. Der Zugname wurde übrigens einige Jahre für einen Eilzug von Hof nach Saarbrücken verwendet, der von Hof nach Bamberg von Hofer 001 gefahren wurde. Die Zuggattung DC entstand 1973 für Schnellzüge des Intercity-Ergänzungssystems und wurde bereits 1978 wieder aufgegeben, ehe etwa zehn Jahre später viele der Verbindungen unter dem ebenfalls längst verschwundenen Label Interregio neu auflebten. (rechts)

Von Crailsheim nach Würzburg

Ende September 1975 war auch der Einsatz der Baureihe 23 als letzter Neubau-Dampfloktype bei der DB vorbei. Am 27. September bespannt 023 058 den Zug 7543 von Lauda nach Crailsheim und hat in Rot am See um kurz vor drei Uhr nachmittags ihr Ziel fast erreicht. Am Tender steht „27.9.75 LETZTE FAHRT DURCHS TAUBERTAL". Später am Tag wurden die Züge entweder planmäßig von Dieselloks gefahren oder verkehrten nicht am Samstag. Seinerzeit wurde der Reisebedarf am Samstagnachmittag generell als gering eingestuft und der Fahrplan war auf den meisten Strecken entsprechend ausgedünnt. Übrigens ließe sich dieses Motiv auch heute noch gut reproduzieren, da sowohl die Lok wieder betriebsfähig ist, Umbauwagen zahlreich zur Verfügung stehen und auch das Bahnhofsensemble noch mit ähnlicher Anmutung aufwarten kann.

Im Sommer 1974 waren die 023 des Bw Crailsheim mit zehn Plantagen noch gut beschäftigt und auf den von Crailsheim und Lauda ausgehenden Strecken im Einsatz. Mit abnehmender Tendenz waren etwa zwanzig Maschinen noch einsatzfähig, wobei auffällig viele den beiden ersten Serien 23 001 bis 23 023 angehörten und die neueren Mischvorwärmerloks nur in geringerer Anzahl vertreten waren. Im Juni 1974 ist die mit Oberflächenvorwärmer ausgerüstete 023 048 vermutlich mit Zug 7531 von Lauda nach Crailsheim unterwegs und hat am frühen Nachmittag in Wallhausen noch neun Kilometer bis zum Ziel vor sich.

Gerade mal elf Kilometer lang ist die Fahrtstrecke des 7527 von Bad Mergentheim nach Weikersheim. Die heutige Darmstädter Museumslok 023 042 steht in Bad Mergentheim im September 1975 kurz vor 12 Uhr zur Abfahrt bereit. Nebenan verlässt eine 50er den Bahnhof mit dem Zug 7532 von Weikersheim nach Lauda. (oben)

Ulm war viele Jahre lang eine Hochburg der Baureihe 215 und zum Ende des dortigen Dampfbetriebes war Anfang 1976 mit 69 Loks fast die Hälfte aller 215 in Ulm stationiert. Auch die zehn Vorserienloks gehörten zum Ulmer Bestand. Im September 1975 ist 215 009 in Patchwork-Lackierung bei Markelsheim mit einem langen Zug mit orange lackierten Magirus-LKW in verschiedenen Ausführungen auf dem Weg von Ulm nach Würzburg. Von den LKW mit luftgekühlten Dieselmotoren wurden in den 1970er Jahren insgesamt etwa 9500 Stück für den Bau der Baikal-Amur-Magistrale in die Sowjetunion geliefert. (links)

In Lauda steht im September 1975 wiederum 023 042 bereit, um Zug 7543 nach Crailsheim zu bringen. Bis zur Abfahrt sind noch gut sieben Minuten Zeit. Seit dem 1. Juni 1975 wird die Strecke Würzburg – Osterburken, wo die 23 bis zu diesem Zeitpunkt ein Betätigungsfeld hatte, elektrisch betrieben. Die Strecken nach Crailsheim und Aschaffenburg werden bis heute mit Diesel befahren.

Ein besonderes Spektakel war am frühen Morgen in Lauda immer die Durchfahrt des Sg 5321, der von Würzburg ohne Halt bis Heilbronn in den letzten Jahren von zwei Loks der Baureihe 50 gefahren wurde. In früheren Jahren war der ursprünglich als Fischzug bekannte seinerzeit Sg 5526 genannte Zug von der Nordseeküste nach Stuttgart tatsächlich hauptsächlich dem Fischtransport vorbehalten und lange Zeit mit zwei Dampfloks verschiedener Baureihen bespannt. Als 052 801 und 050 319 im Mai 1974 durch Lauda donnern, ist von Kühlwagen für Frischfisch nichts zu sehen. Vielmehr dürfte die eilige Fracht im Wesentlichen aus Autoteilen bestehen. In offensichtlich flotter Fahrt nehmen die beiden Crailsheimer Loks Anlauf für die 1:60-Rampe von Königshofen nach Eubigheim, wo auf 20 Kilometern Strecke gut 140 Höhenmeter zu erklimmen sind.

Doppelausfahrten sind bei Eisenbahnfotografen sehr beliebt, vor allem, wenn sie so klappen, wie auf diesem Bild und nicht eine Verspätung oder andere Widrigkeiten das Bild verhageln. Im Mai 1974 verlassen 023 050 mit Zug 3864 von Osterburken nach Würzburg (links) und 023 001 mit Zug 3656 von Lauda nach Wertheim (rechts) den Bahnhof Lauda. Beide Loks müssen Ende 1974 ihren Einsatz quittieren, wobei 23 001 mit 24 Dienstjahren zu den am längsten eingesetzten Neubau-Dampfloks der DB gehört. Die 1954 gebaute 23 050 bringt es gerade mal auf zwanzig Jahre und vier Monate. Obwohl in Lauda der Fahrdraht bereits hängt, dauert es noch ein Jahr, bis der elektrische Betrieb zwischen Osterburken und Würzburg aufgenommen wird und die Züge mit mittlerweile um 2000 erhöhten Zugnummern auf E-Lok beziehungsweise 798 umgestellt werden – und auch nicht mehr gleichzeitig in Lauda abfahren.

Im Juni 1975 fahren noch Dampfloks, aber auch danach gehörte Lauda zu den attraktiven Reisezielen für Eisenbahnfreunde, wenn auch das Hauptaugenmerk dann auf den Altbau-E-Loks lag und nicht so sehr auf E 40. Immerhin war aber die mit Einfachlampen, Schweiger-Lüftergittern und Dachrinne fast im Urzustand befindliche 140 153 Helmut Bittner ein Dia wert. Mit E 3063 von Würzburg nach Stuttgart ist sie pünktlich in Lauda eingetroffen. Vor den drei Silberlingen bieten zwei Packwagen und ein Güterwagen reichlich Raum für Expressgut. (oben)

Der D 852 von Würzburg nach Saarbrücken trägt den Namen „Saar-Pfalz-City". Im Juni 1975 hat er mit 118 047 des Bw Würzburg, die ihre ursprünglichen Lampen bis ins Museumszeitalter retten konnte, Lauda erreicht. Auch wenn die 118 theoretisch bis zum Ziel am Zug bleiben könnte, wird sie in Heidelberg abspannen. (links)

Nur wenige Altbau-E-Loks hatten das nicht von allen positiv bewertete Vergnügen, das neue Farbschema der DB abzubekommen. Auch drei 118 gehörten dazu. 118 049 hat im April 1978 den E 2658 von Hof über Bamberg, Würzburg und Mannheim nach Kaiserslautern am Haken. Um kurz nach halb eins mittags verlässt sie Lauda. Auch bei diesem Zug läuft die 118 von Würzburg bis Heidelberg. Die Lok erlitt im Februar 1981 bei einem Frontalzusammenstoß mit 215 062 bei Essingen einen Totalschaden. (oben)

Die Kornwestheimer 193 008 hat im September 1975 in Lauda einen Spezialtransport am Haken. Vermutlich handelt es sich um einen Stahl-Brückenträger, der auf einen vierachsigen Rungenwagen verladen ist, dem auf beiden Seiten als Schutzwagen wegen der Überlänge jeweils ein Zweiachser vorgestellt wurde. Heute finden derartige Transporte auf der Straße statt. Rechts wartet in der Gegenrichtung wieder ein Magirus-Zug aus Ulm. (rechts)

Von den einst 18 Loks der Baureihe 193 waren in den Jahren 1976/77 sieben ausgemustert worden. Die letzten konnten sich bis Juni 1984 halten und 193 002 erreichte von 1933 bis 1983 beachtliche fünfzig Dienstjahre. Die 1937 gebaute 193 012 hat im April 1978 mit dem Ng 56200 nach Würzburg den Bahnhof Lauda verlassen. (oben)

Im E 2656 von Würzburg nach Pirmasens laufen an der Spitze vier Wagen für den Post- und Expressguttransport, denen drei Silberlinge und der Altbau-Packwagen folgen. Der Zug wird im April 1978 in Gerlachsheim von der gut zwei Jahre alten Münchener 111 051 gezogen. (rechts)

Auch im E 2651 von Tübingen nach Hof wird im April 1978 Post transportiert, die aber anders als im links gezeigten E 2656 während der Fahrt bearbeitet wird. Im April rauscht die im Ursprungszustand befindliche 110 178 um kurz vor neun Uhr bei Gerlachsheim um die Kurve. Über dem Postwagen grüßen die Türme der Heiligkreuzkirche. (oben)

Nicht gerade die klassische Personenzuglok war die Baureihe 193 mit ihren nur 70 km/h Höchstgeschwindigkeit. Die 1939 als letzte in Dienst gestellte 193 018 fährt westlich von Gerlachsheim im April 1978 mit dem mittäglichen Schülerzug 5890 von Lauda nach Würzburg. Für die 43 Kilometer lange Strecke werden 50 Minuten benötigt, wobei jeder der zehn Zwischenhalte bedient wird. (rechts)

An einem anderen Tag im April 1978 ist 193 013 mit dem Zug 5890 von Lauda nach Würzburg unterwegs und legt kurz nach ein Uhr mittags in Grünsfeld einen Halt ein. Ein gutes Dutzend Jugendlicher tummelt sich auf dem Bahnsteig und schwach ist im Hintergrund der Gegenzug erkennbar, der auf der rechten Seite abgebildet ist. Helmut Bittner sollte sich sputen, um noch mitzukommen, denn der Zug hat bereits zwei Minuten Verspätung.

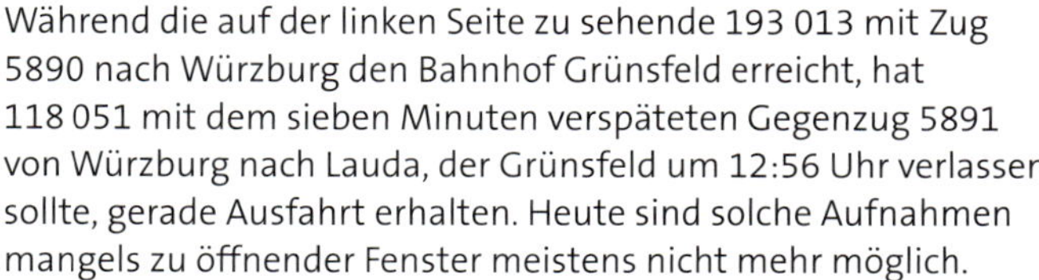

Während die auf der linken Seite zu sehende 193 013 mit Zug 5890 nach Würzburg den Bahnhof Grünsfeld erreicht, hat 118 051 mit dem sieben Minuten verspäteten Gegenzug 5891 von Würzburg nach Lauda, der Grünsfeld um 12:56 Uhr verlassen sollte, gerade Ausfahrt erhalten. Heute sind solche Aufnahmen mangels zu öffnender Fenster meistens nicht mehr möglich.

Bei der Weiterfahrt des 5890 auf dem Weg nach Würzburg begegnet dem Zug bei Zimmern die 193 006 mit Ng 56205 auf dem Weg von Würzburg nach Lauda. Eine solch seltene Begegnung zweier 193er aus dem Zug heraus festzuhalten ist natürlich leichter möglich, als wenn der Fotograf am Bahndamm wartet und eigentlich immer an der falschen Stelle steht.

Der auf der Vorseite zu sehende mittägliche Zug 5891 von Würzburg nach Lauda wird im Juli 1979 von der Stuttgarter 144 157 befördert. Die Lok gehört übrigens zu den Exemplaren ihrer Baureihe, die früher mit einer elektrischen Widerstandsbremse ausgerüstet waren. Hinter dem vorderen Stromabnehmer ist eine der zugehörigen Lüftungshutzen erkennbar. Die Maschinen, bei denen die Bremse weiterhin betriebsbereit war, wurden als E 44^{w} beziehungsweise ab 1968 als 145 geführt. Bei Würzburg-Heidingsfeld hat sich Helmut Bittner unmittelbar an der 1963 erbauten Talbrücke der A 3, die im neuen Jahrtausend durch einen sechsspurigen Neubau ersetzt wurde, aufgestellt. Über der Lok ist schwach der Turm der evangelisch-lutherischen Kirche St. Paul zu sehen.

Von Würzburg nach Nürnberg

Für den seinerzeit erstklassigen IC-Dienst wurden 1973 drei vierteilige Triebzüge der Baureihe 403 in Dienst gestellt, deren angetriebene Mittelwagen als Baureihe 404 bezeichnet wurden. Im Mai 1974 ist 403 001 mit 403 002 und einem der Großraum-Mittelwagen, vermutlich 404 001, in Würzburg auf Probefahrt. Ab Winterfahrplan 1974/75 wurden die Züge auf der Relation München – Bremen eingesetzt, aber mit der Umstellung auf das zweiklassige IC-System bereits viereinhalb Jahre später aus dem Planbetrieb genommen. Kurzfristig wurden sie im Sonderzugdienst verwendet und nach Hamm umstationiert. Einen sinnvollen Einsatz bekamen sie als Lufthansa-Airport-Express zwischen Frankfurt und Düsseldorf von 1982 bis 1993. Nach nur knapp zwanzig Jahren verschwanden die einstigen Paradezüge aus dem Betriebsdienst.

Wäre nicht die neue Loknummer, könnte dieses Bild auch fast zwanzig Jahre früher aufgenommen worden sein. Im Mai 1974 ist 118 029, die hier vor dem nur samstags mittags verkehrenden E 1919 von Würzburg nach Nürnberg auf Abfahrt wartet, noch am Zielort stationiert, wird aber zum Sommerfahrplan Ende des Monats nach Würzburg wechseln. Zweieinhalb Jahre später erhält die Lok die neuen „Stielaugen". (oben)

Vier Jahre nach ihrer Ausmusterung ist 191 002 im März 1979 in Neustadt (Aisch) noch als Heizlok im Dienst. (links)

Mit E 3094 verlässt 118 013 im Juli 1979 kurz nach 16 Uhr Würzburg und wird über Lauda und Osterburken kurz vor 18 Uhr den Zielbahnhof Neckarelz erreichen. Auf dieser Aufnahme fällt das ebenfall ozeanblau – respektive türkis – lackierte Dach auf. Später erhielten die Dächer der Loks bei dieser Farbgebung eine umbragraue Lackierung. (rechts)

Die Würzburger 118 011 schleppt im April 1975 die abgebügelte 118 030 vor dem D 227 gegen sieben Uhr bei Siegelsdorf am Fotografen vorbei. Der Zug hat am Abend zuvor um viertel nach zehn Uhr Dortmund verlassen und fährt über Köln, Wiesbaden, Frankfurt, Würzburg, Nürnberg und Passau nach Linz. Dort kommt er um viertel vor zwölf Uhr an. Der blau/weiß lackierte Kurswagen nach Budapest ist leicht auszumachen. (oben)

Der Streckenabschnitt östlich von Emskirchen, der in den unteren beiden Bildern im Juni 1975 zu sehen ist, wurde 2016 wegen des Neubaus der hinter der Kurve liegenden Aurachbrücke stillgelegt; die neuen Gleise verlaufen rechts außerhalb des Bildausschnittes. Das Hochhaus am rechten Bildrand ist der Silo des Kraftfutterwerkes am Bahnhof. 110 005 bespannt links den Zug 6241, der in Markt Bibart um 6:21 startet und gut eine Stunde später Nürnberg erreicht. 118 027 ist rechts vor dem Expr 14089 unterwegs, mit dem sie um halb sechs Uhr Würzburg verließ und kurz nach zehn Uhr München erreichen wird.

In solchen Situationen ist die bange Frage: Wird der Gegenzug rechtzeitig das Bild freigeben? Im April 1975 hat es morgens um sieben Uhr bei Siegelsdorf für das Bild von 110 002 vor dem Zug 6241 von Markt Bibart nach Nürnberg gereicht, und doch ist der Hasenkasten-Steuerwagen des 6244 von Nürnberg nach Würzburg noch als Beifang mit aufs Bild gekommen. (oben)

An der selben Stelle ist 150 022 mit einem Güterzug nach Nürnberg unterwegs. Die mit Tatzlagerantrieb ausgerüstete Lok zeigt mit Einfachlampen, Schweiger-Lüftergittern und Dachrinne noch die Merkmale des Ablieferungszustandes. Ihr Pflegezustand zeugt vom rauen Alltagsbetrieb. (rechts)

Rund um Nürnberg

Nach ihrem kurzzeitigen Exil im westfälischen Hagen von 1968 bis 1970 waren die vier Loks der Baureihe 119 wieder im Bw Nürnberg Hbf mit den ebenfalls dort stationierten 110-Vorserienloks vorwiegend in Franken im Einsatz. Hier hat 119 002 im Mai 1976 in Nürnberg Hbf den E 3004 übernommen. Der Zug war aus München über Augsburg in die Frankenmetropole gekommen und fährt nach Fahrtrichtungswechsel nach Lichtenfels, von wo er als N 3004 nach Neustadt (b. Coburg) weiterfährt. Werktags fährt den Zug eine 110^0, sonntags eine 119.

Auch der E/D 783 macht auf seinem Laufweg einen Wechsel der Zuggattung mit. Viertel nach sieben Uhr startet er in Bad Kissingen als E 783, wird in Nürnberg zum D 783 und erreicht München nach viereinhalb Stunden Fahrzeit. Im Mai 1976 hat die in frischem neuen Farbkleid glänzende Münchener 110 264 den Zug in Nürnberg übernommen. In Bamberg wurden Kurswagen aus Coburg beigestellt, die werktags als E 3513 und sonntags als 7011 von dort kamen. (oben)

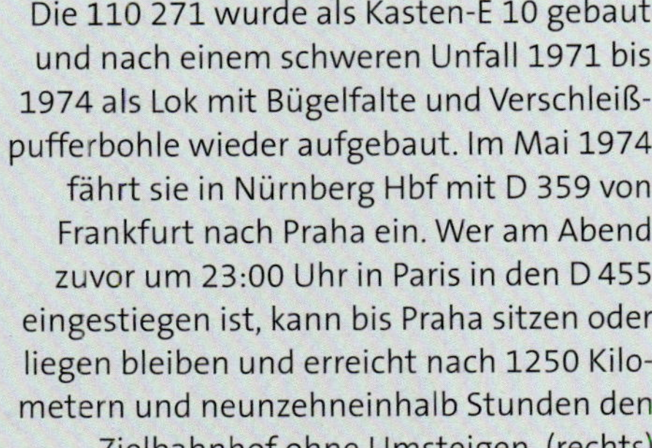

Die 110 271 wurde als Kasten-E 10 gebaut und nach einem schweren Unfall 1971 bis 1974 als Lok mit Bügelfalte und Verschleißpufferbohle wieder aufgebaut. Im Mai 1974 fährt sie in Nürnberg Hbf mit D 359 von Frankfurt nach Praha ein. Wer am Abend zuvor um 23:00 Uhr in Paris in den D 455 eingestiegen ist, kann bis Praha sitzen oder liegen bleiben und erreicht nach 1250 Kilometern und neunzehneinhalb Stunden den Zielbahnhof ohne Umsteigen. (rechts)

Anfang 1974 wurden mit 218 217 und 218 218 zwei Farbexoten an das Bw Regensburg abgeliefert, von denen die blau/beige 218 218 das Rennen um das zukünftige Farbschema machte. 218 217 blieb Jahrzehnte lang ein rot/beiges Einzelstück ihrer Baureihenfamilie. Im Juni 1978 erreicht sie zusammen mit 218 224 vor D 1467 aus Stuttgart den Bahnhof Nürnberg Hbf. Nach etwa zehnstündiger Fahrt wird der Zug um kurz nach siebzehn Uhr sein Ziel Dresden Hbf erreichen. Die 218 sind von Stuttgart bis Hof am Zug und fahren bis Goldshöfe und von Ansbach bis Nürnberg unter Fahrleitung. (oben)

Die fünf Drehstrom-Versuchsloks der Baureihe 120^0 waren seit 1980 vom Bw Nürnberg Rbf im Einsatz in zahlreichen verschiedenen Diensten. 120 003 hat IC 524 „Heinrich der Löwe" von München nach Nürnberg gebracht. Hier findet innerhalb von sechs Minuten Lok- und Fahrtrichtungswechsel statt und der Zug fährt über Würzburg, Frankfurt, Wiesbaden, Koblenz, Köln und Wuppertal nach Braunschweig. (links)

Die beiden Aufnahmen dieser Seite sind südlich von Schwabach entstanden. Seit 2001 verläuft hier neben der Fernbahn Nürnberg – Treuchtlingen mit zwei weiteren Gleisen die S-Bahnstrecke Nürnberg – Roth, die dann weiter südlich auf ein Gleis beschränkt ist. Im Mai 1976 war davon noch nichts zu sehen, auch wenn seit 1975 die Rahmenplanung für die S-Bahn Nürnberg vorlag, die auch diese Strecke enthielt. Die Augsburger 117 120 ist morgens um halb zehn Uhr mit dem samstags bis montags verkehrenden E 2467 von Nürnberg nach Buchloe unterwegs, den sie bis in ihre Heimatstadt bringen wird. (oben)

Vermutlich mit dem etwa eine Stunde später fahrenden 4259 von Nürnberg nach Roth ist 432 122 ein paar Meter weiter südlich zu sehen. Die sechs dreiteiligen ET 32 gab es in drei verschiedenen Wagenzusammenstellungen, die aus zwei Teilen ET 31 und einem ES 25 in jeweils zwei Exemplaren bestanden. Bei den beiden ET 32^2 wurde aus dem ES 25 ein Mittelwagen, bei den anderen blieb er als Steuerwagen erhalten. (rechts)

Im März 1976 rauscht der auch auf der Vorseite abgebildete E 2467 mit der 117 106 ohne Halt durch den Bahnhof Roth. Dort, wo der Fotograf steht, liegt heute nördlich des alten Bahnhofes der S-Bahnsteig. 117 106, die sich hier in Patchworklackierung zeigt, wird Anfang 1980 zusammen mit der heute bei der DGEG museal erhaltenen 117 113 als letzte ihre Baureihe ausgemustert, während sich die meisten Artgenossinnen schon zwischen 1975 und 1978 vom Schienenstrang verabschiedeten..

Der Bahnhof Roth konnte noch lange mit den hier zu sehenden schönen Überdachungen der Bahnsteigunterführungen aufwarten, während Bahnsteigdächer Fehlanzeige waren. Beides hat sich mittlerweile geändert. Am 27. März 1976 führt die Würzburger 118 038 den D 626 von München über Ingolstadt nach Nürnberg. Der Zug wird ohne die 118 über Frankfurt, Wiesbaden und Köln nach Dortmund fahren. Dort kommt er nach knapp zehn Stunden um viertel nach sechs Uhr abends an. Züge auf der Nebenstrecke nach Hilpoltstein fahren auch heute noch vom links sichtbaren Hausbahnsteig ab.

Westlich des Bahnhofes Fürth überquert die Bahn auf einer fünfgleisigen Brücke mit seitlichem Fußweg die Rednitz. Mittlerweile ergänzt im Rahmen des Zulaufes für die Schnellstrecke Ebensfeld – Erfurt eine weitere zweigleisige Brücke das Ensemble. Im Mai 1976 lässt Helmut Bittner eine ganze Reihe interessanter Züge passieren und drückt auf den Auslöser.

Die Vorserienlok 110 004 ist mit D 867 von Nürnberg nach Hof unterwegs und hat Kurswagen vom D 759 aus Stuttgart übernommen, die in Hof an D 467 nach Görlitz übergehen. (oben)

Aufgrund der Türanordnung ist die Herkunft des Mittelwagens von 432 202 aus einem ES 25 noch gut erkennbar. Am späten Samstagvormittag ist der Zug als 4744 von Nürnberg nach Erlangen unterwegs. (links)

Während das vordere Gleis nach Cadolzburg führt, ist das nächste Gleispaar der Strecke nach Würzburg vorbehalten und das hintere der nach Bamberg. Während auf der linken Seite 110 004 den D 867 bespannt, ist hier die ebenfalls in Nürnberg Hbf stationierte 140 154 mit diesem Zug im Schnellzugdienst eingesetzt. Neben den Einfachlampen besitzt die Lok noch die ursprünglichen Schweiger-Lüftergitter, die hier allerdings nicht silbern, sondern grün lackiert sind. (oben)

432 201 kommt auf dem hinteren Gleispaar aus Richtung Bamberg und ist unten links vermutlich als Zug 4753 auf der nur 23,5 Kilometer langen Distanz Erlangen – Nürnberg unterwegs. Aus Richtung Würzburg kommt unten rechts 150 037 mit einem Güterzug heran, der östlich von Fürth sicherlich nach Nürnberg Rbf abbiegen wird.

Am späten Vormittag fährt auf dem Richtungsgleis Würzburg 118 006 mit D 586 von München nach Bremerhaven-Lehe vorbei. Im vorwiegend aus blau/beigen Wagen bestehenden Zug ist ein TEE-Speisewagen eingereiht. In Würzburg wird der Zug Kurswagen aus Bad Kissingen und Hof übernehmen, wobei letztere von Dienstag bis Donnerstag sogar aus Bad Steben kommen. (oben)

Zur verlängerten letzten Serie ihrer Baureihe, die damit etwas mehr Komfort im Führerstand bietet, gehört 103 229, die mit D 626 von München nach Dortmund am Fotografen vorbeifährt. Der hier bereits aus zehn Wagen bestehende Zug bekommt in Würzburg zusätzlich Kurswagen aus Hof und Ulm beigestellt. Zwei Wagen sind blau/beige lackiert, einer hat die Pop-Lackierung und an vierter Stelle ist der rote Speisewagen eingereiht. (links)

Von Nürnberg nach Coburg und in den Frankenwald

Von den seit Mitte der 1950er Jahre geschlossen in Nürnberg Hbf stationierten fünf Vorserien-E 10 war 110 001 bereits im Frühjahr 1975 ausgeschieden. Die vier anderen waren in Erlangen verlässlich anzutreffen, wenn sie einsatzfähig waren. So ist 110 003 an einem Sonntagmorgen im Mai 1976 um zwanzig nach fünf Uhr in Coburg mit E 3511 abgefahren und hat eineinhalb Stunden später die fränkische Universitätsstadt erreicht, von wo aus bis zum Ziel in Nürnberg noch 23,5 Kilometer in 24 Minuten zurückzulegen sind. Im Kurswagen kann die Fahrt ohne Umsteigen nach München und Innsbruck fortgesetzt werden. Gut einen Kilometer weiter nördlich hat der Zug den 1844 eröffneten ältesten Bahntunnel Bayerns, den 306,65 Meter langen Burgbergtunnel, durchfahren. Übrigens beendet 110 003 als zweite ihrer vielfältigen Kleinbaureihe im August 1976 ihre Laufbahn.

Auch von der Baureihe 119 war 1975 mit 119 011 das erste Exemplar ausgeschieden. Die zweite der beiden Henschel-Loks, 119 012, hat im Mai 1976 in durchaus ansehnlichem Zustand auch nur noch ein dreiviertel Jahr vor sich. Hier erreicht sie mit dem E 2650, den sie in Bamberg übernommen hat, nachmittags um halb vier Uhr Forchheim. Der Laufweg des Zuges führt von Hof nach Nürnberg. Dies betrifft aber nur die ersten beiden Wagen, während die anderen – vier DR-Wagen – mit dem D 466 aus Görlitz kommen und ab Nürnberg im DC 964 nach Stuttgart weiterfahren.

Der auch auf der linken Seite schon gezeigte E 2650 kam sowohl im Laufplan der 110-Vorserienloks als auch der 119 an wechselnden Wochentagen vor. Die hier im Juni 1976 zu sehende Vorspannleistung dürfte allerdings außerplanmäßig erfolgt sein. Als einzige der Nürnberger Exotinnen hatte 110 004 bei einem AW-Aufenthalt Ende 1973 einen neuen Anstrich erhalten und dabei ihre Dachrinne und das graue Dach verloren. Zusammen mit der AEG-Lok 119 001 erreicht sie Forchheim, wo der gelbe Elektrokarren der Post schon für die Umladetätigkeit aus dem ersten Wagen bereitsteht.

Als letzte der 110-Vorserienloks verblieb seit Oktober 1977 nur noch 110 005 im Einsatz, die bis Ende September 1978 im Dienst stand. Im Januar 1978 hat sie längst keinen eigenen Laufplan mehr, ist aber immer wieder in ihrem angestammten Einsatzgebiet zu finden. Hier hat sie in Bamberg vermutlich den Zug 5757 am Haken, der mittags nach Nürnberg fährt. (oben)

Dieselbe Lok ist im April 1975 morgens um kurz nach acht Uhr bei Breitengüßbach mit E 3513 von Coburg nach Bamberg unterwegs. Das Streckengleis links vom Zug führt nach Dietersdorf, wo die letzten drei Zugpaare noch bis zum Ende des Sommerfahrplans fahren werden und der Güterverkehr auf der 1913 eröffneten 32 Kilometer langen Strecke noch sechs weitere Jahre durchhält. Im Hintergrund das Röckelein-Baustoffwerk Ebing. Zwischen der wegen der Schnellfahrstrecke Nürnberg – Erfurt jetzt viergleisigen Strecke und dem renaturierten See liegt heute die Autobahn 73. (links)

In recht unspektakulärer Landschaft ist 119 012 im April 1975 mit vier Silberlingen und Vorkriegs-Packwagen als E 3415 von Coburg nach Nürnberg bei Seehof nördlich von Lichtenfels unterwegs. (oben)

Als im April 1975 der Nahverkehrszug 7017 von Neustadt (b. Coburg) nach Lichtenfels bei Grub am Forst am Fotografen vorbeifährt, ist die Lok 144 107 noch in Nürnberg Hbf stationiert. Zum 1. Juni wird sie gemeinsam mit ihren 18 Schwestern nach Würzburg umziehen und die dortige Werkstatt auslasten helfen. Im Hintergrund der Aufnahme ist hinter der Straßenbrücke heute die einen Kilometer lange Füllbachbrücke der Neubaustrecke Nürnberg – Erfurt zu sehen. Links am Bildrand verschwindet diese Strecke im 824 Meter langen Tunnel Höhnberg, unter dem durch den Tunnel Füllbach mit einer Verbindungskurve Coburg von Süden angebunden wird. Eine korrespondierende Verbindung gibt es nördlich von Coburg. (rechts)

Bei diesem Zug ist zwar die Zahl der Wagenachsen doppelt so hoch wie die der Lokachsen, andererseits übersteigt aber das Lokgewicht das der Wagen um etwa ein Drittel. Für 194 575 war im April 1981 der Nahverkehrszug 7009, der Coburg um 6:49 Uhr verließ und eine knappe halbe Stunde später und 20 Kilometer entfernt sein Ziel Lichtenfels erreichte, aber nur eine Füllleistung. Normalerweise waren sie und ihre Schwestern mit Güterzügen von Nürnberg aus und Schubleistungen im Frankenwald und Spessart noch für etliche Jahre gut gefordert.

Im Mai 1976 liegen der Start- und der 15 Kilometer entfernte Endpunkt des Zuglaufes für den Nahverkehrszug 7043 von Neustadt (b. Coburg) nach Coburg natürlich in Bayern. Als die Strecke von Coburg nach Sonneberg 1858 eröffnet wurde, gehörten aber beide Städte zum thüringischen Herzogtum Sachsen-Coburg-Gotha. Nach dem Ende der deutschen Monarchien entstanden aus den zwei territorial getrennten Landesteilen zwei winzige Freistaaten, von denen der Coburger Teil sich 1920 für die Zugehörigkeit zu Bayern entschied. Durch die deutsche Teilung war Neustadt zum Aufnahmezeitpunkt Endstation, aber bereits ein Jahr nach der Wiedervereinigung war der Lückenschluss ins dreieinhalb Kilometer entfernte Sonneberg vollendet.

Der D 302/303 von München nach Berlin und der D 402/403 von Nürnberg nach Leipzig waren in den 1970er und 1980er Jahren tagsüber die Paradezüge auf der Frankenwaldbahn. Dabei war der D 303 einige Jahre im Laufplan der 110^0 beziehungsweise der 119 enthalten.

Im Juni 1975 hat 119 002 seit dem Lokwechsel in Probstzella etwa zehn Kilometer zurückgelegt und vor Steinbach mit D 303 den Kulminationspunkt der Frankenwaldbahn fast erreicht. (oben)

Im April 1975 ist 110 004 mit D 303 zwischen Förtschendorf und Pressig-Rothenkirchen schon auf der Talfahrt. (rechts)

119 001 erreicht mit D 303 im März 1976 mittags um halb ein Uhr Lichtenfels. (links oben)

Wieder mit einer Füllleistung ist 194 563 im April 1975 mit Nahverkehrszug 6718 nachmittags von Pressig-Rothenkirchen ins 18 Kilometer entfernte Ludwigsstadt aufgebrochen. (links)

Ludwigsstadt ist die nördlichste Stadt Oberfrankens und musste um die Wende vom 18. zum 19. Jahrhundert kurzfristig das Schicksal der Preußenherrschaft erleiden, ehe es durch einen Landes- und Grenztauschvertrag endgültig zu Bayern kam. Während der deutschen Teilung war es Endpunkt für den westdeutschen Regionalverkehr und wurde Mitte der 1970er Jahre von neun Nahverkehrszugpaaren angefahren. Oft waren diese Züge mit 110^0, 118, 119 oder 144 bespannt. Im April 1975 erreicht 110 005 mit Zug 6714 aus Lichtenfels nach gut einer Stunde Fahrzeit um halb zwei Uhr mittags die Grenzstadt. (oben)

Nach dem Umsetzen wird sie eine Stunde später mit Zug 6717 nach Kronach wieder aufbrechen. Links wartet eine 118 mit dem 6725 nach Bamberg, der als nächster Zug erst um 17:12 Uhr und damit gut zweieinhalb Stunden später abfahren wird. (links)

Die einstündige Pause zwischen Ankunft und Abfahrt der 110 005 reicht für Helmut Bittner im April 1975 für einen Standortwechsel und so kann er den abfahrenden 6717 nach Kronach mit dem Panoramablick auf die Trogenbachbrücke mit dem darunter liegenden beschaulichen Ort festhalten.
Die Brücke wurde 1883 bis 1885 errichtet und ist von Anbeginn an eine kombinierte Steinbogen- und Balkenbrücke, wobei die ursprünglichen Kastenträger zu Beginn der 1920er Jahre durch Fischbauchträger ersetzt wurden. Während des Umbaus kam es aufgrund des eingleisigen Betriebes zu einem tragischen Unfall, als ein talwärts fahrender Güterzug wegen zu hoher Geschwindigkeit auf einer Weiche entgleiste und Lok und 21 Güterwagen auf die darunter liegenden Häuser stürzten. Dabei wurden zwei Menschen getötet.

Dieselbetrieb im bayerischen Nordosten

Die beiden ersten Züge der Baureihe 614 wurden 1971/72 in Trier in Dienst gestellt und im Mai 974 nach Nürnberg Hbf abgegeben, wo inzwischen auch die ersten Serienzüge unterwegs waren. Als diese Aufnahme im April 1981 entsteht, sind neben den beiden Erstlingen 25 Serienzüge in Franken im Einsatz, während die letzten 15 in blau/beige abgelieferten Züge in Braunschweig stationiert sind. In Kulmbach fährt früh um acht Uhr 614 002 als Zug 5809 von Lichtenfels nach Neuenmarkt-Wirsberg. Im Hintergrund grüßt die bekannte örtliche Brauerei.

Der sehr schmuddelige TEE-farbene Exot 218 217 fährt im Juni 1975 in Münchberg mit D 867 von Nürnberg nach Hof ab. Am Zugschluss läuft die Kurswagengruppe aus DR-Wagen, die in Hof auf den D 467 von München nach Görlitz übergeht. Der mittlerweile natürlich seiner Funktion beraubte Güterschuppen steht heute noch und auch das sonstige Bahnhofsensemble zeigt sich wenig verändert. (oben)

In der Gegenrichtung ist 218 207 mit D 854 „Saale-City“ von Hof nach Würzburg unterwegs. Der nur aus drei Wagen bestehende Zug fährt ohne Gepäckbeförderung. Im Hintergrund ist zwischen den Signalen der Bahnübergang der abzweigenden Strecke nach Zell (Oberfranken) zu erkennen. Von dieser 1902 eröffneten und 1971 stillgelegten zehn Kilometer langen Strecke existiert heute ein 1,7 Kilometer langes Reststück zu einem Umspannwerk, wohin noch 2018 ein Trafotransport durchgeführt wurde. (rechts)

Bereits 1861 existierte mit der kurz nacheinander im Herbst erfolgten Eröffnung der Strecken Cham – Furth im Wald durch die Bayerischen Ostbahnen und Pilsen – Furth im Wald durch die Böhmische Westbahn eine durchgehende Verbindung von Nürnberg nach Prag. In den 1970er Jahren gab es neben dem regen Güterverkehr eine durchgehende Schnellzugverbindung von München nach Prag, die für die 443 Kilometer lange Strecke siebeneinhalb Stunden benötigte. Dabei war eine halbe Stunde für den Aufenthalt mit Lokwechsel in Furth zu veranschlagen. Mit landwirtschaftlichen Fahrzeugen hat die Regensburger 217 011 im September 1976 den Grenzbahnhof erreicht. (oben)

Von der Brücke der Kreuzkirchstraße geht der Blick auf die östliche Ausfahrt des Bahnhofes Furth im Wald, wo 218 319 mit türkisem Dach im September 1976 umsetzt. (links)

Oftmals führen insbesondere in der Folge von Kriegen erfolgende Grenzziehungen zu kuriosen Zerschneidungen von Verkehrswegen. Im Bahnhof Bayerisch Eisenstein war allerdings die Grenze schon da, als die Eisenbahn im November 1877 von Plattling aus den Grenzort erreichte. Der Anschluss nach Böhmen war wenige Wochen zuvor fertig und 1878 wurde das Bahnhofgebäude quer über die Grenze eröffnet. Diese Querung der Grenze durch den Bahnhof machte ihn während des Kalten Krieges zu einem beidseitigen Kopfbahnhof. Im April 1974 wartet 218 227 mit dem abendlichen E 1926 nach Regensburg auf die Abfahrt. Links steht mit Hasenkasten-Steuerwagen der Nahverkehrszug 2991 nach Plattling bereit. (oben)

Im September 1978 ist der E 3426 von Bayerisch Eisenstein nach Plattling mit 218 009 und 218 204 deutlich übermotorisiert, als er den Bahnhof Gotteszell erreicht. Im Hintergrund zeigt das Signal Ausfahrt frei für den Triebwagen 6474 der Regentalbahn nach Viechtach, der im Rücken des Fotografen wartet. (rechts)

Im südlichen Bayern

Einen 860 Kilometer langen Laufweg quer durch die Republik hatte der E/D 584 von Passau nach Hamburg-Altona. Kurz nach halb acht Uhr morgens begann die Fahrt in der Dreiflüssestadt an der österreichischen Grenze als Eilzug. Eine gute dreiviertel Stunde später hat die Würzburger 118 008 im Oktober 1977 mit dem Zug, der den Namen „Donau-City" trägt, Straubing erreicht. Bei einem viertelstündigen Aufenthalt in Nürnberg avanciert er zum D-Zug und die 118 verlässt den Zug.

Seinen Zielbahnhof wird D 584 nach gut zehn Stunden Fahrzeit kurz vor sechs Uhr abends erreichen. Im ICE-Zeitalter gab es bereits Verbindungen, die die Strecke in weniger als sieben Stunden zurücklegten; im Jahr 2023 fährt der schnellste Zug durchgehend in gut siebeneinhalb Stunden über Berlin, während die Fahrtroute über Würzburg und Hannover durch Baustellen-bedingte Umleitungen deutlich verlängerte Fahrzeiten erfordert.

Zehn Minuten nach der Abfahrt des auf dem Bild links zu sehenden E 584 kommt aus der Gegenrichtung 118 044 als Vorspann vor einer 140 mit dem Nahverkehrszug 6415 von Regensburg nach Plattling im Oktober 1977 in Straubing an. Die 118 044 trägt übrigens seit einer Unfallausbesserung, die sich von Oktober 1974 bis Februar 1976 hinzog, zwei Stromabnehmer der Bauart DBS 54, die man auch bei der 140 erkennt. Bei der Gelegenheit wurde die Lok auch für den Einbau der Automatischen Mittelpufferkupplung vorbereitet, was insbesondere an der längeren Verschleißpufferbohle erkennbar ist. Sieben weitere 118er erhielten – wie zahlreiche andere Loks – diesen Umbau, ohne dass während ihrer Betriebszeit die auch bis heute nicht realisierte AK-Umrüstung stattgefunden hätte.

Anfang 1974 erschienen mit den beiden Loks 218 217 in rot/beige und 218 218 in blau/beige die beiden ersten Musterloks für die vorgesehene neue Lackierungsvariante. Im Mai 1974 ist 218 218 der 118 012 vorgespannt und erreicht mit dem E 3030 von München nach Hof den Bahnhof Neufahrn. Die elektrifizierte 138 Kilometer lange Etappe bis Regensburg hätte die 118 sicher alleine geschafft. Für die Weiterfahrt ohne Fahrdraht ist in Regensburg ein Fahrtrichtungswechsel erforderlich und es wird sicher eine andere 218 weiterfahren. Vielleicht war 218 218 beim BZA zu Besuch und ist hier auf dem Rückweg zum Heimat-Bw in Regensburg.

Auf der Strecke Freilassing – Berchtesgaden waren die acht E 44^5 lange Jahrzehnte die bewährten Zugpferde und im Mai 1976 noch vollzählig beim Bw Freilassing im Einsatz. 144 508 hat um viertel nach elf Uhr mit dem Zug 5508 Berchtesgaden verlassen und erreicht nach einer halben Stunde und 15 Kilometern den Bahnhof Bayerisch Gmain, in dem in vielen Fällen die Zugkreuzung stattfand. Bis zum Ziel in Freilassing war eine weitere halbe Stunden für nun 19 Kilometer zu veranschlagen. (oben)

Eine Stunde früher ist in der Gegenrichtung 144 502 mit dem 5509 von Freilassing nach Berchtesgaden unterwegs. Die früh ausgemusterte E 44 501 und die vier 1933 gelieferten Loks E 44 502 bis 505 unterscheiden sich deutlich von den 1935/36 gelieferten E 44 506 bis 509. (rechts)

Nachdem 1977/78 vier Maschinen den Dienst quittieren mussten, ist 144 507 im Juni 1981 die letzte aktive Vertreterin der neueren Bauart. Mit E 3571 von Freilassing nach Berchtesgaden hat sie Hallthurm erreicht. (oben)

Im April 1976 wartet 144 507 mit dem Nahverkehrszug 5518 in Berchtesgaden auf die um 16:16 Uhr anstehende Abfahrt nach Freilassing. (links)

Im August 1981 hat sich die moderne Traktion im wahrsten Wortsinn in den Vordergrund gedrängt. Die Münchener 111 092 wartet mit E 780 nach Hamburg-Altona in Berchtesgaden auf die Abfahrt. Ab München fährt der Zug als D 780 weiter über Ingolstadt, Würzburg und Hannover. Links steht 144 507 mit dem eine Stunde später gegen elf Uhr abfahrenden E 798, der ebenfalls in München zum D-Zug wird und über Augsburg, Stuttgart und Frankfurt nach Kassel fährt, wo er nach knapp elf Stunden Fahrzeit ankommt. (rechts)

Nachdem E 16 11 und 13 als Kriegsverluste ausgemustert wurden, verblieben die anderen 19 Loks der Baureihe E 16 bei der DB und waren ab Herbst 1958 komplett beim Bw Freilassing versammelt. E 16 12 erlitt 1967 einen Unfall und wurde ausgemustert. Weitere 17 Maschinen schieden zwischen Sommer 1973 und Anfang 1978 aus dem Bestand aus und als letzte erwischte es 116 009 Ende Juli 1979. Einsatzschwerpunkt war die Strecke München – Salzburg. Im Mai 1974 sind neben 116 018 , die mit dem morgendlichen 2803 von München nach Freilassing in Rosenheim Station macht, noch dreizehn weitere 116 aktiv. (oben)

An einem Abend im Mai 1976 ist die Rosenheimer 144 096 mit ihrem Güterzug in Grafing vermutlich auf der Fahrt nach Kufstein, denn unter den Stückgutwagen scheinen viele italienische Spitzdachwagen zu sein, die via Brenner in die Heimat fahren. Auf beiden Bildern dieser Seite erinnern Gepäckkarren an einen vergangenen Service der Bahn. (links)

Im Mai 1975 zeigen in München Hbf die Bremsprobensignale, dass der zugehörige Vorgang bei den beiden Zügen bereits abgeschlossen ist. Auf Gleis 12 signalisiert der grüne Lichterkreis, dass dieser Zug abfahren kann und so wird sich um 16:25 Uhr 116 006 mit E 3555 auf die 99 Kilometer lange eineinhalbstündige Fahrt nach Kufstein machen. Mit dem Nahverkehrszug 4515 nach Rosenheim hat 116 003 noch gut zehn Minuten Zeit. Sie wird für die 65 Kilometer bis zum Ziel exakt eine Stunde benötigen.

Die nahe an den Bahnsteigen des Hauptbahnhofes liegende Hackerbrücke und die etwas weiter westlich liegende Donnersbergerbrücke sind beliebte Fotostandorte in München. Von letzterer geht im Oktober 1977 der Blick auf die Gasturbinenlok 210 004, die mit D 267 „Bavaria“ aus Zürich gegen Mittag ihr Ziel fast erreicht hat. Der zweite und dritte Wagen gehören zu den schweizerischen 1.-Klasse-Eurofima-Wagen, die anderen im zeitgenössischem Farbton sind UIC-Z2-Wagen. Die rechts zu sehende Paketposthalle mit ihrer gewaltigen Spannweite von 150 Metern wird von DHL auch heute noch genutzt, hat aber natürlich ihren Gleisanschluss längst verloren. (oben)

Das Bw Rosenheim verzierte seine Altbau-E-Loks gerne mit einem weißen Streifen oberhalb des Rahmens. Mit diesem Accessoire wartet im Oktober 1977 auch 144 039 auf, die eine Schnellzuggarnitur im Hauptbahnhof bereitzustellen hat. (links)

Auch 118 050 gehört zu den Loks, die in den 1970er Jahren für den Einbau der Automatischen Kupplung umgerüstet wurden und dabei eine Verschleißpufferbohle erhielten. Auch heute noch warten die europäischen Eisenbahnen auf diese Umstellung, die allerdings im Personenverkehr angesichts der Dominanz der mit anderen Kupplungssystemen ausgerüsteten Triebwagen weitestgehend obsolet ist. Im April 1981 wartet die Patchwork-lackierte Würzburger Lok um die Mittagszeit mit einem Eilzug in München auf die Abfahrt. Der Weg führt vermutlich über Augsburg nach Nürnberg. Im Postwagen wird während der Fahrt – stets um festen Stand bemüht – gearbeitet.

Die TEE-Triebwagen wurden nach Umstellung des IC-Systems auf Zweiklassigkeit aus dem Plan- in den Touristikverkehr versetzt. Bei den zugehörigen Revisionen wurde das bisher durch eine Metallplatte mit der Aufschrift „Intercity" verdeckte TEE-Emblem entfernt und an der Front ein DB-Abziehbild platziert. Im April 1981 steht 601 006 in München Hbf für den Urlauberverkehr bereit. Einer der vielen Gepäckkarren verhilft zu einem erhöhten Fotostandort. (oben)

Auch der Donald Duck genannte IC-Triebzug der 1970er Jahre muss sich nach kurzer Zeit auf ein neues Einsatzfeld einlassen. Im Oktober 1974 ist der neue Zug in München Hbf als IC 182 „Hermes" nach Bremen aber noch im ursprünglich vorgesehenen Dienst eingesetzt. 403 005 und 403 006 laufen als klassische vierteilige Einheit. Nebenan wartet 491 001 auf Ausflügler. Die Verbreitung der im Hintergrund beworbenen fotografischen Produkte „In aller Welt" ist heute nicht mehr gegeben. (links)

Der orange Streifen unter dem Fensterband verrät, dass hier die letzte Version des alten Renommierzuges „Rheingold" abgebildet ist. Neben dem klassischen Laufweg Amsterdam – Basel gab es ab 1983 einen Flügelzug, der als TEE 17 via Heidelberg – Heilbronn – Stuttgart – Aalen – Donauwörth und Augsburg nach München fuhr. 1985 entfielen die Umwege über Heilbronn und Aalen und von München aus wurde bis Salzburg gefahren. Am 2. Juni 1985 zeigt sich 103 168 angesichts dieser Verlängerung geschmückt vor dem Zug in München Hbf. Zwei Jahre später war mit dem „Rheingold" endgültig Schluss. (oben)

Die fünf Vorserien-Drehstrom-Loks der Baureihe 120^0 wurden ab 1980 intensiv vor allen Zuggattungen erprobt. Im April 1981 hat die nur für 160 km/h zugelassene 120 002 mit IC 563 „Präsident" München Hbf erreicht. Normalerweise war in IC-Diensten die schnellere 120 005 im Einsatz. (rechts)

Von den 26 bei der DB verbliebenen E 17 waren im September 1976 immerhin noch 16 in Betrieb; alle waren in Augsburg stationiert. Ihr Einsatz mit Eil- und Nahverkehrszügen konzentrierte sich naturgemäß auf den heimatlichen Kirchturm und reichte noch bis Ulm, Nürnberg und München. Morgens um halb acht Uhr erreicht 117 115 mit Zug 5007 aus Donauwörth nach 41 Kilometern und einer dreiviertel Stunde Fahrt Augsburg Hbf. (oben)

Immerhin 62 Kilometer lang ist die Fahrtstrecke für den E 3072 von Augsburg nach Günzburg; im September 1976 erreicht er sein Ziel um kurz nach neun Uhr. In diesem Zug findet im posteigenen zweiten Güterwagen natürlich keine Bearbeitung der mitgeführten Post während der Fahrt statt. Der erste Wagen mag Post oder Stückgut transportieren. (rechts)

So sah der typische IC von 1971 bis 1979 aus, ehe die blau/beige lackierten 2.-Klasse-Wagen das einheitliche Erscheinungsbild der rot/beigen Paradezüge „störte". Im Juni 1976 rauscht die vier Jahre alte in Hamburg-Eidelstedt stationierte 103 209 mit IC 181 „Jakob Fugger" durch den Bahnhof Treuchtlingen. Der Zug war um kurz nach zwölf Uhr in Bremen gestartet und trifft gut sieben Stunden später und gut 750 Kilometer entfernt in München ein. Die 103 in makellosem Zustand zeigt sich noch mit Schürze, Pufferverkleidungen und Scherenstromabnehmer. Diese Attribute wird sie in den folgenden Jahren verlieren, aber zumindest die Umlackierung ins orientrote „Klebestiftdesign" wird dieser Lok erspart bleiben.

Im Frühjahr 1982 überspannt die elektrische Fahrleitung in Lindau nur die Gleise nach Bregenz. Seit Dezember 2020 hat sich das auf die Strecke nach Hergatz ausgeweitet, womit gleichzeitig der Inselbahnhof seine Bedeutung für den Fernverkehr verlor und nicht mehr als Hauptbahnhof sondern als Lindau Insel bezeichnet wird. Die Kemptener 218 151 erreicht hier mit einem Nahverkehrszug über den Bodenseedamm den Hauptbahnhof.

Nebenbahnen

Zwischen Olpe im Süden und Attendorn im Norden erstreckt sich die 1965 fertiggestellte Biggetalsperre, die zu den größten deutschen Talsperren gehört. Neben 24 Ortschaften versank auch ein zwölf Kilometer langer Abschnitt der Bahnstrecke Finnentrop – Olpe im See. Die eigentlich vorgesehene Stilllegung konnte allerdings wegen eines erwarteten touristischen Verkehrs auf der Linie abgewendet werden und so entstand eine höher liegende Neubaustrecke. Auf zwei Doppelbrücken – unten Bahn, oben Straße – werden die in den Stausee einbezogene Lister und ein Seitenarm der Bigge überquert. Zwei weitere Brücken über die Bigge finden sich nördlich von Olpe. Im Abendlicht eines Septembertages 1979 überquert ein 795 mit Beiwagen die südliche der beiden Brücken, die beidseits durch Dämme eingerahmt wird. Über die rechts hinten sichtbare Bogenbrücke biegt die Ende 1979 im Personenverkehr eingestellte Strecke von Dieringhausen nach Olpe ein. Auch der Personenverkehr von Olpe nach Freudenberg wurde 1983 eingestellt, während zwischen Finnentrop und Olpe heute die Hessische Landesbahn im Stundentakt fährt. Die Züge enden nun in Olpe, ohne den Straßenverkehr ungebührlich zu stören, nördlich des ehemaligen Bahnhofes an einem Haltepunkt unmittelbar neben dem zentralen Busbahnhof.

Während das Bahnhofsgebäude von Olpe noch heute existiert, ist das Gleisareal komplett leergeräumt. Im Oktober 1978 wartet 795 394 mit seinem Beiwagen in Olpe auf die Rückfahrt in seine Heimat Dieringhausen. (oben)

Zu einem weit verzweigten Netz von Eisenbahnlinien im Wuppertaler Norden gehörte auch die 23 Kilometer lange und 1884 eröffnete Strecke Wichlinghausen – Hattingen, von der in Schee die fünf Jahre später eröffnete neun Kilometer lange Bahn nach Silschede abzweigte. Im Oktober 1979 ist wohl der Wuppertaler Abschnitt wegen Bauarbeiten gesperrt und so hat 261 835 zwei gedeckte Güterwagen aus Hattingen nach Schee gebracht. Nach dem Umsetzen geht es auf dem links im Vordergrund liegenden Gleis in Richtung Silschede weiter. Im Hintergrund ist schwach der 722 Meter lange Scheetunnel zu erahnen. Auch hier existiert das Bahnhofsgebäude noch, während alle Gleisanlagen verschwunden sind. (links)

Auch von den früher zahlreichen Nebenstrecken in der Rhön existieren viele nicht mehr. Zu ihnen gehört auch die zwischen 1889 und 1891 eröffnete Verbindung von Götzenhof – knapp fünf Kilometer nördlich von Fulda – über Hilders nach Wüstensachsen. Von Hilders ging es 1891 auch nach Tann und 1906 konnte man von dort bis ins thüringische Vacha fahren. Im April 1980 verkehren die Schienenbusse nur noch zwischen Fulda und Hilders, wo sich um die Mittagszeit zwei Einheiten begegnen. Bis 1993 wurde die Strecke komplett stillgelegt. (oben)

Auf der erst 1934 bis 1936 eröffneten Bahnstrecke von Türkismühle nach Kusel wurde bereits 1951 zwischen Freisen und Schwarzerden der Personenverkehr wieder eingestellt. 1969 und 1970 folgten die beiden verbliebenen Abschnitte. Da der Güterverkehr sich länger hielt, war im April 1981 eine Schienenbus-Sonderfahrt nach Freisen möglich. Dort entstand die Aufnahme vor dem zeittypischen Empfangsgebäude am etwas ramponierten Hektometerstein 11,5. (rechts)

Im August 1915 wurde die nur 13 Kilometer lange Strecke St. Wendel – Tholey eröffnet, die unmittelbar vor dem Endbahnhof den 435 Meter langen Varustunnel durchquert. Die Saarbrücker 212 063 hat mit Nahverkehrszug 6263 Im Mai 1982 kurz vor zwölf Uhr den Endbahnhof erreicht und wird wenige Minuten später nach St. Wendel zurückfahren. Nach dem folgenden Fahrplanwechsel wird der im Hintergrund sichtbare Tunnel nur noch von einem Zugpaar um kurz nach sieben Uhr morgens genutzt, während alle anderen Züge nur bis Oberthal fahren. Zwei Jahre später wird der Personenverkehr eingestellt. (oben)

Auf der Verbindung Kassel – Korbach wird heute – nach zwischenzeitlicher Teileinstellung – ein attraktiver Nahverkehr im Stundentakt angeboten, der die Fahrzeit des Zuges 8239 vom August 1981 um gut eine halbe Stunde unterbietet. Die Kasseler 216 119 wartet mit zwei Mitteleinstiegswagen in Volkmarsen auf die Weiterfahrt. Bis 1967 konnte man von hier auch noch nach Warburg fahren. (links)

Die zwischen 1874 und 1879 erbaute Moselstrecke von Coblenz – erst ab 1926 mit „K“ geschrieben – nach Trier verläuft zwischen Pünderich und Trier recht weit von der Mosel entfernt. So kam es, dass 1883 mit zwei Stichstrecken die Weinorte Traben-Trarbach und Bernkastel-Cues – ab 1936 mit „K“ geschrieben – an die Hauptstrecke angebunden wurden. Während erstere bis heute von Bullay aus bedient wird, ist auf der vom ehemaligen Bahnhof Wengerohr ausgehenden 15 Kilometer langen zweiten Strecke der Personenverkehr seit 1985 und der Güterverkehr seit 1989 eingestellt. Heute kann man auch hier Radeln, denn die Strecke ist Teil des Maare-Mosel-Radweges. Im April 1985 steht 798 649 für die Rückfahrt nach Wengerohr bereit. Seit 1987 heißt der Zielbahnhof bis heute Wittlich Hbf, obwohl es einen anderen Wittlicher Bahnhof nicht mehr gibt, seit 2001 die Stillegung des letzten Abschnittes der Linie Wengerohr – Daun erfolgte. Der stattliche Bahnhof inklusive Güterschuppen existiert übrigens in Bernkastel-Kues heute noch.

Nebenbahnen mit modernen Fahrzeugen waren in den 1970er Jahren eher selten, denn zumeist wurden Umbauwagen oder Schienenbusse und manchmal Akku-Triebwagen eingesetzt. Im März 1974 steht der gerade ein viertel Jahr alte 614 013 in Fladungen zur Fahrt nach Schweinfurt bereit, während auf dem Nachbargleis eine 50 mit einem Holzwagen, Güterzugbegleitwagen und zwei Behälterwagen auf die Abfahrt des Triebwagens wartet, um mit dem Rangiergeschäft zu beginnen. (oben)

Durch die Grenzziehung nach Kriegsende 1945 wurde die Bahnstrecke von Ebersdorf (b. Coburg) nach Neustadt (b. Coburg) auf vier Kilometern Länge unterbrochen. Zwischen Fürth am Berg und Ebersdorf fand bis 1. Juni 1975 noch spärlicher Personenverkehr statt. Im April des Jahres ist 280 006 mit dem kurzen Nachmittagszug 8096 nach Coburg in Mödlitz angekommen. Ganze zwei Zugpaare werden werktags noch gefahren. Das schmucke Empfangsgebäude steht auch heute noch direkt neben der B 303. (links)

Auf der bereits 1892 eröffneten Strecke von Coburg nach Rodach, welches seit 1999 den Zusatz „Bad“ führt, findet auch heute noch Verkehr statt. Gegenüber dem Aufnahmezeitpunkt 1978 mit damals viereinhalb werktäglichen Zugpaaren und knapp 30 km/h Reisegeschwindigkeit hat sich die Situation heute mit Stundentakt und 45 km/h Reisegeschwindigkeit beachtlich verbessert. Die in Hof beheimatete 211 027 wird im Juni 1978 mit den drei Umbauwagen um kurz vor ein Uhr als Samstags-Zug 8069 in Rodach aufbrechen und nach sieben Zwischenhalten 40 Minuten später das 18 Kilometer entfernte Coburg erreichen. Nach einem weiteren Zugpaar ruht hier ab halb drei Uhr nachmittags bis Montagmorgen der Verkehr.

Eine völlig andere Architektur als der Bahnhof im ursprünglich thüringischen Rodach weist der Bahnhof des fränkischen Maroldsweisach auf. Der Ort ist Endpunkt der 1895 und 1897 in zwei Abschnitten eröffneten knapp 34 Kilometer langen Linie von Breitengüßbach nördlich von Bamberg. Der Verkehr war im Jahr 1979 noch recht üppig und wurde weitgehend mit Schienenbussen gefahren. Der in Hof beheimatete 798 734 ist mit seinem Steuerwagen im Oktober 1979 kurz vor fünf Uhr nachmittags im Endbahnhof angekommen und wird wenige Minuten später als letzter Zug des Tages nach Bamberg zurückfahren. Zwei weitere Schienenbusse werden allerdings zwei und drei Stunden später noch hier eintreffen und in aller Herrgottsfrühe wieder in Richtung Bamberg aufbrechen. Der Verkehr nach Maroldsweisach wurde 1988 eingestellt; die Reststrecke Bamberg – Ebern wird auch heute noch bedient.

Nur knapp 14 Kilometer lang war die 1908 eröffnete Nebenbahn von Bamberg nach Scheßlitz. Deren geplante Weiterführung nach Hollfeld zur wenige Jahre vorher eröffneten Strecke von Bayreuth nach dort scheiterte an lokalen Interessen. Die Empfangsgebäude der Bahn nach Scheßlitz waren der geringen Bedeutung entsprechend recht sparsam ausgeführt. Zu Beginn der 1980er Jahre wurde das Fahrplanangebot massiv ausgedünnt und der Personenverkehr zum Sommer 1985 eingestellt. Im April 1981 ist 798 686 als Zug 7707 gerade aus Bamberg angekommen und wird wenige Minuten später als 7708 zurückfahren. Auch hier existiert das alte Bahnhofsgebäude noch im auf dem Areal angesiedelten Gewerbegebiet.

Auf der Vorseite wurde bereits die Bahnlinie Bayreuth – Hollfeld erwähnt. Die knapp 33 Kilometer lange Strecke wurde 1902 – 1904 eröffnet und am 28. September 1974 stillgelegt, wobei im letzten Fahrplan immerhin montags bis freitags noch fünf Zugpaare verkehrten; samstags waren es vier und sonntags drei. Am letzten Betriebstag wurde das mittägliche Zugpaar 4610/4611 von der Weidener 064 415 mit einer aus fünf vierachsigen Umbauwagen und einem zweiachsigen Gepäckwagen bestehenden Garnitur gefahren. Die vielen mitfahrenden Eisenbahnfreunde nahmen nicht nur von der Strecke Abschied, sondern auch von der Baureihe 64, deren letztes aktives Exemplar der DB die 064 415 war. Am 1. Oktober wurde die Lok drei Tage nach der Abschiedsfahrt z-gestellt. Am Aufnahmeort ist übrigens heute kein Radweg; stattdessen nutzt die Frankenhaager Straße die alte Bahntrasse. Links im Hintergrund grüßt die evangelische Bartholomäuskirche.

Im Jahre 1963 gab das Bw Frankfurt-Griesheim seine sechs V 80 nach Bamberg ab, wo seither alle zehn Loks versammelt waren und bis zu ihrer zwischen 1976 und 1978 erfolgten Ausmusterung intensiv auf den fränkischen Nebenbahnen im Umfeld eingesetzt wurden. Manchmal teilten die Loks auch das Schicksal mit ihren Einsatzstrecken. So wurde 280 001 im August 1977 z-gestellt und hat den Personenverkehr der Strecke Strullendorf – Schlüsselfeld um ein Vierteljahr überlebt. Im Mai 1977 wartet sie im Endbahnhof mit Zug 6785 auf die Abfahrt nach Bamberg. (oben)

Eine Zweiglinie der Strecke nach Schlüsselfeld ist die in Frensdorf abzweigende Linie nach Ebrach, auf der der Personenverkehr bereits 1961 eingestellt wurde. Der Güterverkehr, der im Oktober 1977 noch mit 280 002 durchgeführt wurde, endete 1999. Die Strecke wurde im neuen Jahrtausend abgebaut, wohingegen die Strecke nach Schlüsselfeld durch ein dort angesiedeltes Drahtrollenwerk auch heute noch im Güterverkehr bedient wird. (rechts)

Die Nebenbahn Forchheim – Behringersmühle kann mit der längsten Bauzeit für eine bayerische Nebenbahn aufwarten und ist mit einem Eröffnungsdatum am 5. Oktober 1930 für den letzten 2,7 Kilometer langen Abschnitt von Gößweinstein nach Behringersmühle auch die letzte neu (fertiggebaute) Nebenstrecke in Bayern. Im Mai 1976 wartet 280 009 mit Nahverkehrszug 7768 mittags in Behringersmühle auf die Abfahrt nach Forchheim. Für die gut 30 Kilometer ist eine knappe Stunde Fahrzeit zu veranschlagen. Am Ende des Monats ist hier Schluss mit dem Personenverkehr, der seither und bis heute nur noch auf der halben Strecke bis Ebermannstadt angeboten wird. Im hinteren Abschnitt betreibt die Dampfbahn Fränkische Schweiz seit 1980 einen ausgesprochen attraktiven Museumsverkehr.

Der auf der linken Seite gezeigte Zug hat die ersten 16 Kilometer zurückgelegt und im Betriebsmittelpunkt Ebermannstadt einen vierminütigen Halt eingelegt. Deutlich ist hier die völlig andere Anmutung der Landschaft wahrnehmbar. Das Tal der für die Bahn namensgebenden Wiesent hat sich geweitet. (oben)

Im Bw Bamberg waren seit 1952 einige V 80 und seit 1963 alle beheimatet. Bis zum Aufnahmezeitpunkt der 280 008 auf der Drehscheibe ihres Heimat-Bw im Oktober 1977 hat es aber bereits die ersten drei Abgänge gegeben und bis zum Frühjahr 1978 werden alle ihren Dienst quittieren. Allerdings gab es für alle ein zweites Leben. Acht Loks fanden in Italien neue Aufgaben, eine bei der Hersfelder Kreisbahn und eine im Verkehrsmuseum Nürnberg. Letztere wurde leider beim verheerenden Brand in Nürnberg im Oktober 2005 vernichtet. (rechts)

Die beiden Bilder dieser Seite sind in Bahnhöfen mit erstaunlich langen Namen entstanden, wobei Kitzingen-Etwashausen sich wie aus einem lustigen Kinderbuch entsprungen anhört. Wer von hier zum nur etwas entfernten Bahnhof Kitzingen mit der Bahn fahren will, muss statt der knapp zwei Kilometer Luftlinie seit 1945 eine fast hundert Kilometer lange Strecke zurücklegen, weil die im Krieg zerstörte Kitzinger Mainbrücke dieser Strecke nicht wieder aufgebaut wurde. Die ebenfalls gesprengte Schweinfurter Mainbrücke ist immerhin 1946 als Behelfsbrücke neu erstanden. Im Mai 1974 wartet 051 558 mit dem Nahverkehrszug 2964 am frühen Nachmittag auf die Abfahrt nach Schweinfurt. (oben)

Im Mai 1976 wird auf der 1904 eröffneten Strecke von Neustadt (Aisch) nach Demantsfürth-Ühlfeld der Personenverkehr eingestellt. Kurz vorher wartet 211 187 mit dem Samstags-Zug 62926 zur Mittagszeit im Endbahnhof auf die Abfahrt. Den Bahnhof nutzt heute eine Steuerberatungsgesellschaft. (links)

Die 1890 und 1892 in zwei Abschnitten von der Localbahn A.-G. eröffnete knapp 13 Kilometer lange Bahnstrecke von Fürth nach Cadolzburg wird heute im Halbstundentakt durch DB-Regio bedient, nachdem Elektrifizierungs- und Stadtbahnpläne ad acta gelegt wurden. Auch im September 1978 herrschte bereits ausgesprochen reger Verkehr, bei dem auch die Fahrzeit den heutigen Verhältnissen entsprach. Der Betrieb wurde durch die 27 Nürnberger 614 in der orange/kieselgrauen Pop-Lackierung durchgeführt. Der blau/beige Braunschweiger 614 069 ist nur leihweise hier im Einsatz. (oben)

Von Steinach nach Rothenburg ob der Tauber kann man bereits seit 1873 und bis heute mit dem Zug fahren. Die Weiterfahrt nach Dombühl war hingegen nur von 1905 bis 1971 möglich. Im März 1974 wartet zur Mittagszeit eine Schienenbusgarnitur auf die Abfahrt nach Steinach. Im Hintergrund ist zwischen etlichen Güterwagen schwach eine Köf III wahrnehmbar, die heute hier nicht mehr zu finden ist. (rechts)

Beim Bau von Bahnstrecken kam es des öfteren vor, dass Städte links oder rechts liegen gelassen wurden und eben keinen direkten Bahnanschluss erhielten. In manchen Fällen baute dann besagte Stadt eine eigene Anschlussbahn zum nächstgelegenen Bahnhof – so, wie es zum Beispiel die Stadt Trossingen machte. Bei der 1870 eröffneten Strecke von Ingolstadt nach Treuchtlingen traf es die Stadt Eichstätt, die knapp drei Kilometer Luftlinie von der Bahn entfernt lag. Es dauerte 15 Jahre, bis mit der ersten durch die bayerischen Staatsbahnen betriebenen Schmalspurbahn der Anschluss der Stadt hergestellt wurde. Die fünf Kilometer lange Strecke erfuhr 1898 eine Verlängerung um 30 Kilometer bis nach Kinding, von wo aus es 1929 normalspurig bis nach Beilngries weiterging; dorthin führte schon seit 1888 eine Nebenbahn aus Neumarkt in der Oberpfalz. Die Schmalspurbahn wurde schließlich 1934 auf Normalspur umgebaut. Zwischen 1955 und 1973 wurden sukzessive Personen- und Güterverkehr

zwischen Eichstätt Stadt und Beilngries eingestellt und 1996 war auch mit dem Güterverkehr zum Stadtbahnhof Schluss. Bis heute wird die Reststrecke im Stundentakt mit Verdichtern bedient, wobei einzelne Züge bis Ingolstadt durchgebunden sind. Das Bild auf der linken Seite vom Oktober 1979 zeigt den Erstling der zweimotorigen VT 98-Schienenbusse der Serienbauart, 798 501, mit Steuerwagen in Eichstätt Bahnhof, wo der sehr schmale Bahnsteig zum Gleis der Hauptstrecke auch heute noch existiert. Etliche Reisende warten auf den Anschlusszug nach Treuchtlingen. Im Bild oben hat eine Schienenbusgarnitur im September 1978 gerade den Bahnhof Eichstätt verlassen und wird gleich im 198 Meter langen Schreckenbergtunnel verschwinden. Mit 24 Zugpaaren war das Angebot auf der nach der Umspurung aufgrund veränderter Linienführung jetzt knapp sechs Kilometer langen Strecke ungewönnlich umfangreich. Eine Schienenbusgarnitur legte hier fast 280 Kilometer am Tag zurück.

Wenn im April 1980 der Augsburger 515 129 um kurz nach acht Uhr morgens als Zug 6065 Wertingen für die 17 Kilometer lange Fahrt nach Mertingen verlässt, kehrt für den Rest des Tages Betriebsruhe auf der 1905 eröffneten Strecke ein. Am sehr frühen Morgen gab es eine Leerfahrt und dann ein weiteres Zugpaar auf der Strecke. Dieser Alibiverkehr endete im Mai 1981. Gut vierzig Jahre später wird die Strecke als Prüffall für die Reaktivierung geführt. (oben)

Seit 1903 hatte Welden mit der Strecke nach Neusäß und Augsburg Bahnanschluss. Seit 1986 ist es damit wieder vorbei, und wie so oft, kann man auch hier heute ungestört durch Bahn- oder Autoverkehr radeln. Im September 1976 hat der Kemptener 798 596 mit Bei- und Steuerwagen als 6112 aus Augsburg den Endbahnhof erreicht und wird nach kurzer Wendezeit als 6115 wieder zurückfahren. Das Empfangsgebäude steht heute noch. (links)

Zwischen 1908 und 1912 wurde in mehreren Abschnitten die gut 42 Kilometer lange Strecke von Türkheim nach Gessertshausen eröffnet. Der mittlere Abschnitt von Markt Wald nach Ettringen musste 1983 wegen mangelnder Unterhaltung und technischer Unbefahrbarkeit gesperrt werden. Im Südabschnitt wurde dann 1987 und im Nordabschnitt 1991 der Personenverkehr eingestellt. Von Türkheim aus ist die DB weiterhin im Güterverkehr aktiv, im Nordabschnitt ist es die Staudenbahn, die auch saisonalen Personenverkehr anbietet. Im August 1984 ist der Kemptener 627 104 als Nt 6056 aus Gessertshausen nach Markt Wald gekommen und wird um 13:00 Uhr zurückfahren. Übrigens werden in den letzten Jahren des Personenverkehrs Schienenbusse ihre Nachfolger noch einmal ablösen.

Bereits 1874 erhielt das im württembergischen Allgäu unmittelbar an der Grenze zu Bayern gelegene Isny Bahnanschluss aus Leutkirch. Erst 1909 wurde dann mit der Bahnstrecke von Kempten auch die Verbindung ins bayerische Ausland hergestellt. Der Personenverkehr nach Leutkirch wurde bereits 1969 eingestellt, während man nach Kempten noch bis 1984 fahren konnte. Im Februar 1975 hat 627 006 als Zug 6786 aus Kempten den Bahnhof Isny um 11:49 Uhr erreicht. Nach einer ausgiebigen Mittagspause geht es um 13:09 Uhr zurück. Heute gibt es noch das Empfangsgebäude, den Straßennamen „Bahnhof" und drumherum Gewerbegebiet und Parkplätze. (oben)

Im August 1984 ist 627 102 um die Mittagszeit von Isny nach Kempten unterwegs. In Sibratshofen verläuft heute auf der ehemaligen Bahntrasse die B 12. (links)

Die Außerfernbahn von Garmisch-Partenkirchen nach Kempten verläuft teilweise durch Österreich, wobei der dortige Abschnitt im österreichischen Netz einen Inselbetrieb darstellt. Im Februar 1975 ist 628 013 als Zug 5452 von Garmisch-Partenkirchen nach Kempten unterwegs und legt um halb zwölf Uhr im österreichischen Leermoos einen Zwischenhalt ein. (oben)

In Immenstadt sind 1980 die beiden Kemptener 628 002 und 628 021 angekommen, wo sie mit Leistungen in Richtung Kempten, Lindau und Oberstdorf anzutreffen waren. Übrigens wurden zum Sommerfahrplan 1980 die wenigen Braunschweiger 627^0 und 628^0 nach Kempten umstationiert, sodass alle Fahrzeuge dieser Baureihen dort waren. In den Jahren 1981 und 1982 folgten dann noch die Neulieferungen der Nachfolger 627^1 und 628^1 nach Kempten. (rechts)

Die rechtzeitig zu den Passionsfestspielen 1900 eröffnete Bahnlinie von Murnau nach Oberammergau sollte eigentlich von Anbeginn an elektrisch betrieben werden. Stattdessen kamen aber in den ersten Jahren Dampfloks zum Einsatz und schließlich wurde im Jahre 1905 auf elektrischen Betrieb umgestellt. Die Bahn ist damit die erste elektrische Vollbahn in Deutschland. Zwischen 1905 und 1930 wurden fünf sehr unterschiedliche zweiachsige E-Loks durch die Localbahn A.-G. beschafft, von denen noch drei bis Anfang der 1980er Jahre in Betrieb waren und alle fünf bis heute erhalten sind. Die 1922 beschaffte spätere E 69 04 mit einem bemerkenswerten Lebenslauf schied 1977 aus. Im April dieses Jahres wartet sie in Oberammergau auf die Abfahrt mit Zug 6610 nach Murnau. (oben)

Die von 1909 stammende 169 002 hielt am längsten durch, aber im April 1981 hat auch sie ihr letztes Einsatzjahr erreicht. (rechts)

1
169002-3
1

Deutsche Reichsbahn

Im Juni 1978 konnte 03 176 immerhin schon auf 43 Betriebsjahre zurückblicken. Ende 1972 hatte sie den Rekokessel von 22 053 erhalten, den sie die letzten sieben Jahre ihrer Einsatzzeit nutzte. Die in Leipzig Hbf West beheimatete und bestens gepflegte Lok ist mit D 505 um viertel nach elf Uhr in Berlin-Lichtenberg gestartet. Nach dem Halt in Berlin-Schönefeld hat sie die knapp 160 Kilometer bis Halle (Saale) ohne Halt zurückgelegt. Nach gut vierstündiger Fahrt und 305 Kilometern Durchlauf wird sie den Zielbahnhof Saalfeld erreichen.

Mit der knapp 36 Kilometer langen Strecke von Halle (Saale) nach Köthen begann am 1. September 1955 der elektrische Zugbetrieb im Hauptbahnnetz bei der Deutschen Reichsbahn der DDR. Zu den ersten wieder in Betrieb genommenen Loks gehörte auch E 44 133. Im Juni 1978 bespannt die seit 1970 als 244 133 bezeichnete Lok den Nahverkehrszug 8384, der Halle planmäßig gegen halb zwei Uhr mittags verlässt und gut eine halbe Stunde später Köthen erreicht. Das 1890 eröffnete Empfangsgebäude des Hauptbahnhofes hatte 1967/68 eine hässliche Vorhangfassade erhalten, um ein modernes Aussehen zu demonstrieren. Diese wurde bereits 1984 wieder entfernt. Heute befindet sich das Gebäude in einem hervorragenden Zustand.

In der imposanten Halle des 1915 eröffneten Leipziger Hauptbahnhofes ist die seit Frühjahr 1959 mit Rekokessel ausgerüstete Saalfelder 41 1232 mit dem nur sonntags verkehrenden Nahverkehrszug 6086 aus Zeitz angekommen. Für die knapp 45 Kilometer lange Strecke benötigte der Zug 67 Minuten, was einer Reisegeschwindigkeit von 40 km/h entspricht. Die Steuerung liegt auf Rückwärtsfahrt und das Personal wartet elf Minuten nach der Planankunft darauf, den Zug in die Abstellgleise zurückzudrücken.

Bei der 1959 durchgeführten Rekonstruktion der 03 1010 und 03 1074 behielten diese beiden Loks als einzige ihrer Baureihe den Oberflächenvorwärmer. Nur so war ihr Einsatz als Bremsloks bei der VES-M Halle möglich, da die dafür erforderliche Gegendruckbremse mit dem Mischvorwärmer nicht verwendbar ist. Mittlerweile in Stralsund beheimatet, erreicht 03 0074 im Juni 1974 mit D 271 „Meridian" den Bahnhof Berlin Ostbahnhof. Der Zug hat Malmö um kurz nach neun Uhr morgens verlassen, zwischen Trelleborg und Saßnitz knapp vier Stunden auf See verbracht und gegen sieben Uhr abends Berlin erreicht. Nach weiteren gut 24 Stunden Fahrzeit wird der Zug sein Ziel Belgrad erreichen.

Saalfeld avancierte in den letzten Jahren des Dampfbetriebes zu einem wahren Mekka für Eisenbahnfreunde. Selten aber waren diese zu so früher Stunde auf den Beinen, dass sie die beiden auf dieser Seite zu sehenden Züge fotografiert haben. Im Juni 1978 steht 01 0505 um kurz vor sechs Uhr morgens mit P 5010 von Saalfeld nach Jena West zur Abfahrt bereit. Der Zug besteht aus einer zwei- und einer vierteiligen Einheit Doppelstockwagen. (oben)

Eine halbe Stunde zuvor verlässt 44 0305 mit P 4000 den Bahnhof Saalfeld nach Camburg, wo ihn für die Weiterfahrt nach Leipzig Hbf eine E-Lok übernimmt. Die 140 Kilometer lange Fahrt wird in drei Stunden und 20 Minuten zurückgelegt. (links)

Als dritte ölgefeuerte Baureihe war in Saalfeld die in Probstzella beheimatete 95er zu sehen. Im Juni 1975 steht 95 0010 vermutlich mit dem Nahverkehrszug 18007 von Saalfeld nach Sonneberg am Bahnsteig. Die Reisegeschwindigkeit des Zuges auf der 73,6 Kilometer langen Strecke beträgt 31 km/h. Die 1923 von Borsig unter der vorläufigen Nummer 77 010 gelieferte Lok wurde 1967 mit Neubaukessel und Ölfeuerung ausgerüstet und nach gut 56 Jahren Betriebsdienst im August 1979 z-gestellt.

Das Jahr 1955 wird oft als Jahr der Wiederaufnahme des elektrischen Bahnbetriebes in der DDR genannt. Dabei wird übersehen, dass es diese Betriebsform durchgängig auf drei 1950 von der DR übernommenen ehemaligen Privatbahnen gab. Neben der Buckower Kleinbahn und der Kleinbahn Schleiz – Saalburg gehört auch die Oberweißbacher Bergbahn mit ihrer Flachstrecke Lichtenhain – Cursdorf dazu.

Der 279 203 ist offiziell 1963 als ET 188 701 aus einem Triebwagen gleicher Nummer umgebaut worden, bei dem es sich um einen ehemaligen Leipziger Straßenbahntriebwagen handelte. Tatsächlich blieb beim „Umbau" nicht mehr als die Nummer übrig. Im Juni 1978 steht der Wagen in Lichtenhain vor dem als Beiwagen eingesetzten ehemaligen VT 715/716. (oben)

Der einzige ursprüngliche Triebwagen der Flachbahn wurde 1970 im S-Bahn-Raw Schöneweide rekonstruiert. Als S-Bahn im Miniaturformat – vor allem seine Front erinnert an Berliner S-Bahn-Fahrzeuge jener Zeit – ist 279 201 im Juni 1978 bei Cursdorf unterwegs. (links)

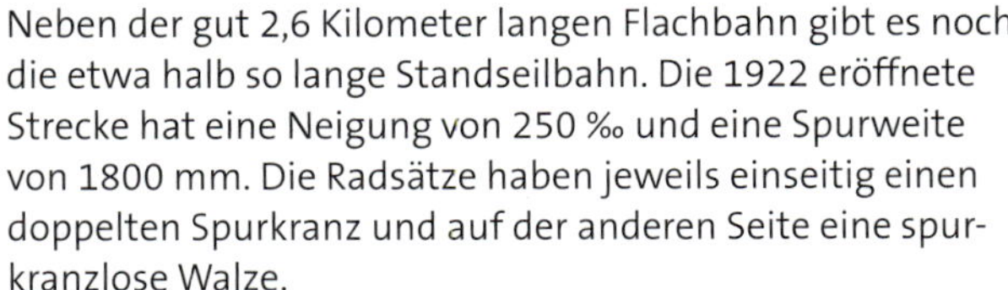

Neben der gut 2,6 Kilometer langen Flachbahn gibt es noch die etwa halb so lange Standseilbahn. Die 1922 eröffnete Strecke hat eine Neigung von 250 ‰ und eine Spurweite von 1800 mm. Die Radsätze haben jeweils einseitig einen doppelten Spurkranz und auf der anderen Seite eine spurkranzlose Walze.

Im Juni 1978 ist im Bild links oben der mit einem gestuften Wagenkasten versehene Personenwagen auf Bergfahrt. Da in Gleismitte beide Schleppseile erkennbar sind, befindet sich der Wagen oberhalb der Ausweiche.

Die beiden Aufnahmen rechts zeigen den von der Schleizer Bahn stammenden ehemaligen EB 188 513 auf der Bühne, die ursprünglich für den Gütertransport genutzt wurde und bei jeder Fahrt gegenläufig zum Personenwagen mitfährt. Der Fotograf fährt im Personenwagen mit und beobachtet in der Ausweiche die Vorbeifahrt.

Sonderfahrten und Museumsloks

Im März 1974 gab es im Bw Bochum-Dahlhausen noch kein Eisenbahnmuseum, aber viele DGEG-Fahrzeuge hatten hier ihren Unterschlupf gefunden und waren zu bestimmten Gelegenheiten auch zu besichtigen. 01 008 befindet sich seit Dezember 1973 hier. Sie hat noch ihren Tender aus der letzten Betriebszeit, der später gegen den Niettender der 41 293 ausgetauscht wird. Daneben steht die 55 3345, die bereits nach der Ausmusterung Ende 1970 zur DGEG kam. Rechts die preußische T 9^1 Cöln 7270, die von 1926 bis 1968 bei der Zuckerfabrik Euskirchen ihre Heimat hatte und dann den Weg zur DGEG fand.

Zusammen mit der Baureihe 10 war die Baureihe 66 die letzte Dampflok-Neukonstruktion der DB. Beide wurden nur in je zwei Exemplaren gebaut und hatten eine sehr kurze Lebenszeit zwischen knapp neun Jahren bei 10 002 und knapp zwölf Jahren bei 66 002. Letztere wurde von der DGEG Ende 1968 erworben und kam nach mehrjähriger Abstellung in Erndtebrück Ende 1973 nach Bochum-Dahlhausen, wo sie ebenfalls im März 1974 und bis heute zu besichtigen ist.

Die Winter-Sonderfahrten des Vereins Eisenbahn-Kurier in den Harz nach Altenau hatten eine lange Tradition. Am 17. Februar 1974 ging es mit den Lehrter 094 184 und 050 548 hinauf in das schneefreie Mittelgebirge. In Wildemann wird ein Fotohalt eingelegt. Im Oktober 1977 verkehrte letztmalig ein Zug auf dieser Strecke, die anschließend abgebaut wurde. Heute kann man auch hier in Ruhe Wandern und Radeln. (oben)

Die 1972 durch den Verein Eisenbahn-Kurier von der Deutschen Reichsbahn gekaufte 24 009 erhielt im Rahmen einer Hauptuntersuchung im April 1974 im AW Trier den Kessel der 64 457. Anschließend weilte die Lok zu diversen Sonderfahrten im Süden. Im Bw Tübingen erwartet sie den nächsten Einsatztag. (links)

Sowohl die Baureihe 64 als auch die 78 hatten 1974 ihre letzten Auftritte im DB-Einsatz. Während sich 078 246 als letzte ihrer Baureihe vom Bw Rottweil aus noch täglich im Plandienst nützlich machte, war die Crailsheimer 064 491 für den Arbeitszugdienst bei den Elektrifizierungsarbeiten zwischen Böblingen und Horb ausgeliehen. Beide sind mit einem Sonderzug auf dem Weg nach Aulendorf am 7. April 1974 in Altshausen angekommen.

Hier treffen die heute noch im Personenverkehr betriebene Strecke von Sigmaringen und die von Schwackenreute zusammen. Letztere, die linksseitig außerhalb des Bildes am Insel-Empfangsgebäude vorbeiführt, ist seit 1971 im Personenverkehr stillgelegt und seit 1987 auf dem Abschnitt Pfullendorf – Schwackenreute abgebaut. Der Rest wird heute im Güter- und Ausflugsverkehr bedient.

Am 7. April 1974 veranstalteten die Eisenbahnfreunde Zollernbahn eine Sonderfahrt mit 064 491 und 078 246 von Reutlingen über Tübingen, Sigmaringen und Aulendorf nach Friedrichshafen und zurück. In Ebingen holt die T 18 offensichtlich Verstärkungswagen ab, ehe die Reise weitergeht Das Bild auf der Vorseite ist bei derselben Sonderfahrt entstanden.

Vermutlich auf dem Weg nach Reutlingen zur oben beschriebenen Sonderfahrt sind 078 246 und 064 491, die Helmut Bittner an der Ausfahrt aus dem Bahnhof Mühlen östlich von Horb erwischt. Im Hintergrund verläuft am Hang die Gäubahn Horb – Eutingen, die gerade elektrifiziert wird. Rechts außerhalb des Bildes verschwindet sie im Mühlener Tunnel. Zwischen den beiden Strecken fließt der Neckar.

Am 29. Dezember 1974 sollten die letzte P 8, 38 1772, und die letzte T 18, 78 246, mit einer großen Sonderfahrt verabschiedet werden. Der Zug fuhr die Strecke Stuttgart – Tübingen – Balingen – Sigmaringen – Tuttlingen – Rottweil – Horb – Stuttgart. Beide Dampfloks, die den Zug zwischen Tübingen und Horb bespannten, waren mit „Letzte Fahrt“ beschriftet und an der 38 war am Tender die Laufleistung von 3.719.271 Kilometern zwischen 1915 und 1974 zu lesen.

Oben ist die P 8 in Sigmaringen allein am Zug. Rechts haben die beiden Preußen in Tübingen den Zug gerade von einer E-Lok übernommen.

Eine weitere Sonderfahrt führte die 38 1772 am 31. Dezember nach Basel und sogar am 15. Februar 1975 gab es mit ihr noch eine letzte Sonderfahrt in Norddeutschland, ehe sie wenige Jahre später auf der TWE zu neuem Leben erwachte. Und auch die T 18 war 1975 – wie auf der nächsten Seite zu sehen – noch einmal unter Dampf zu erleben.

Zum Ablauf des Winterfahrplans 1974/75 endete der Einsatz der 012 auf der Emslandstrecke. Der Dienst der 023 von Crailsheim aus dauerte noch einen Fahrplanabschnitt länger. Die beiden Loks 012 061 und 023 019 wurden am 16. Juni 1975 z-gestellt. Einen Tag vorher sind sie noch mit einem Sonderzug von Nürnberg nach Hof unterwegs, der dreimal die Schiefe Ebene befährt. Oben erreichen sie gerade Marktschorgast. Als Schublok des Sonderzuges war neben 094 730 bei der ersten und dritten Fahrt 078 246 im Einsatz. (links)

Für alle beteiligten Loks war es die letzte Fahrt und sie zogen anschließend gemeinsam ins Deutsche Dampflokmuseum in Neuenmarkt-Wirsberg ein. Die 78 befindet sich mittlerweile wieder in der alten württembergischen Heimat und wird betriebsfähig aufgearbeitet.

Als letzte bayerische Lokalbahnlok war 98 812 am 23. Juni 1970 aus dem Betriebsdienst ausgeschieden. Anschließend kam sie als Hauptgewinn eines Preisausschreibens an einen Privatmann, der sie an die Ulmer Eisenbahnfreunde und die Museumseisenbahn Darmstadt verkaufte. Dort konnte die Maschine bereits 1971 wieder in Betrieb genommen werden. Im Oktober 1976 hat sie, nun den UEF alleine gehörend, mit einem Sonderzug aus acht Umbau-Dreiachsern Blaubeuren erreicht. Heute wird dieser Blick durch eine gewaltige Fußgänger- und Fahrradüberführung vor dem Empfangsgebäude dominiert. Aber auch der Güterschuppen steht noch, freilich ohne die ursprüngliche Funktion.

Im April 1977 geht es auch im Ruhrgebiet mit dem Dampfbetrieb auf DB-Gleisen zu Ende. Am 24. April 1977 bespannte die in Gelsenkirchen-Bismarck beheimatete 044 508 in gepflegtem Outfit einen Sonderzug von Dortmund nach Brilon. Auf der Rückfahrt legt sie in Meschede einen Halt ein. Am 23. Mai fuhr die Lok mit der Rücküberführung der beim Abschiedsfest in Gelsenkirchen-Bismarck ausgestellten DGEG-Fahrzeuge nach Bochum-Dahlhausen und leer zurück die letzte Leistung einer kohlegefeuerten DB-Dampflok.

Elektrische Altbaufahrzeuge der Reichs- und Bundesbahn waren in Basel Bad Bf jahrzehntelang durchaus gewohnte Anblicke. Nicht dabei waren allerdings E 18. Im April 1977 ist die seit 1974 in Würzburg beheimatete 118 006 mit einem Sonderzug hier angekommen. Wenige Jahre später wurden die alten Bahnsteighallen abgerissen und durch gesichtslose Bahnsteigdächer ersetzt. Das Empfangsgebäude von 1913 existiert mit seinem markanten Uhrturm hingegen noch heute. Im Unterschied zum Badischen Bahnhof behielt der Bahnhof Basel SBB bis heute seine alten Hallen, die aber auf der Ostseite durch Vorbauten verunstaltet sind.

Am 10. und 11. September 1977 war in Rheine mit einem großen Fest der Abschied vom DB-Dampfbetrieb gewürdigt worden. Zwei Wochen später fanden am 24. September 1977 Sonderfahrten auf der Emslandstrecke statt, bei denen die Bilder dieser Doppelseite entstanden.

Ein aus Duisburg nach Emden gefahrener Sonderzug wurde für die Rückfahrt in zwei Teilen mit gegenseitigem Überholen bis Rheine geführt. 042 113 hat mit E 26572 den Bahnhof Haren erreicht. Ein bisschen rote Farbe kaschiert nur notdürftig den abgewirtschafteten Zustand der Lok. Sie steht heute unter Dach im Technikmuseum in Sinsheim.

Ein aus Hannover kommender Sonderzug wurde nur zwischen Leer und Norddeich mit Dampf gefahren. Auf der Rückfahrt hat 043 326 in Emden den Hauptbahnhof gerade verlassen. Die Lok macht noch einen ganz passablen Eindruck. (oben)

Mit 043 903 wurde als E 28272 der zweite Zugteil des Sonderzuges nach Duisburg bespannt, der hier in Haren angekommen ist. Auch hier täuschen die mit Farbe nachgezogenen Kesselbänder nicht über den Zustand der Lok hinweg. Selbst bei der Schablonenbeschriftung der Loknummer hat es nicht für einheitliche Schriftgrößen gereicht. Die Lok, die den DB-Dampfbetrieb am 26. Oktober 1977 beendete, steht seit 1981 als Denkmal in Emden. (rechts)

Nicht einmal zweieinhalb Jahre nach dem Kauf der 24 009 überraschte der Verein Eisenbahn-Kurier mit dem Erwerb der polnischen Oi 2-22, die fortan wieder unter der Nummer 24 083 auf deutschen Gleisen unterwegs war. Seit dem Dampfverbot der DB fand dies auf Privatbahngleisen statt. Häufig war die Lok auf der Teutoburger Wald-Eisenbahn und der Westfälischen Landes-Eisenbahn eingesetzt. In Gütersloh Nord säuselt sie 1979 vor dem TWE-Lokschuppen vor sich hin. Zu dem Zeitpunkt war sie noch nicht wieder mit einem Oberflächenvorwärmer ausgestattet. (oben)

Im Januar 1978 ist sie bei Lippstadt auf der WLE mit einem Donnerbüchsen-Sonderzug im Einsatz. (links)

Als letzte bayerische Lokalbahnlok der ehemaligen Gattung D XI wurde die 1903 gebaute 98 507 Ende 1960 ausgemustert. Seit 1968 ist sie als Denkmallok erhalten und bis heute vor dem Hauptbahnhof Ingolstadt aufgestellt. So wie im September 1979 ist sie auch nach 55 Jahren auf dem Sockel bestens gepflegt.

Die zweitletzte bei der DB eingesetzte bayerische Lokalbahnlok war 98 886, die allerdings erst 1924 von der Reichsbahn in Betrieb genommen wurde. Sie wurde im Oktober 1969 z-gestellt und im März 1970 ausgemustert. Seit 1978 stand sie dann zwanzig Jahre lang vor dem Hauptbahnhof ihrer letzten Heimatstadt Schweinfurt. Dann wurde sie bei der Museumsbahn Mellrichstadt – Fladungen zu neuem Leben erweckt. Die Aufnahme entstand im Juni 1980.

Im Oktober 1927 wurde von der Deutschen Reichsbahn das Ausbesserungswerk München-Freimann in Betrieb genommen. Zum 50-jährigen Jubiläum fand eine große Fahrzeugausstellung statt.

Unter den zahlreichen E-Loks, für deren Erhaltung das AW auch zuständig war, wurde die Augsburger 163 005 präsentiert, die zu dem Zeitpunkt als einzige der drei Loks der BBC-Bauart noch im Einsatz war. Im März 1978 war ihre Zeit dann abgelaufen.

Durch den Ersten Weltkrieg wurde die Lieferung der 1912 bestellten ersten preußischen elektrischen Serien-Güterzugloks stark verzögert. So wurde EG 528, die spätere E 71 28, als vorletzte erst im Mai 1922 ausgeliefert. Bereits 1928 kamen die ersten Loks in Südbaden auf der Wiesen- und Wehratalbahn zum Einsatz. E 71 28 kam von 1938 bis zum Kriegsende zum Bw Schwarzach-St. Veit in Österreich und nach ihrer Rückkehr ebenfalls nach Baden. Dort wurde sie Ende 1958 als letzte E 71 ausgemustert. Nach ihrer Aufarbeitung zeigt sie sich im AW München-Freimann. Heute kann sie im Technikmuseum in Berlin bewundert werden. Übrigens überlebten mit E 71 19 in Koblenz und E 71 30 in Dresden zwei weitere Loks. Schließlich ist im DGEG-Museum in Neustadt an der Weinstraße noch ein Drehgestell mit Motor ausgestellt.

Neben der mit Buchli-Antrieb ausgestatteten 116 006 stehen die beiden eng verwandten 117 113 und 104 020 mit AEG-Federtopfantrieb in der Ausstellung. Während die 116 nur noch wenige Einsatzwochen vor sich hat, wird die 117 noch eineinhalb Jahre durchhalten und die 104 ist, obwohl die jüngste der drei, seit Anfang 1977 aus dem aktiven Dienst ausgeschieden. (oben)

Erst wenige Wochen vor der Ausstellung hatte sich 119 001 aus dem Betriebsdienst verabschiedet. Zum AW-Jubiläum wurde sie wieder mit der ursprünglichen Frontschürze ausgestattet und neu lackiert. Heute ist sie in roter Farbgebung im Technikmuseum Berlin zu sehen. Die blau/beige 118 013 trägt seit eineinviertel Jahren die neue Farbgebung und wird noch etwa sechs Jahre vom Bw Würzburg aus unterwegs sein. (rechts)

Am 18. März 1979 veranstaltete die DGEG eine Sonderfahrt von Stuttgart nach München und zurück, um die letzte E 17 zu verabschieden. Auf der Hinfahrt ging es über Aalen, auf der Rückfahrt über Ulm. Bis Augsburg zog die Kornwestheimer 193 012 auf der Hinfahrt den Zug, der um kurz vor halb zehn Uhr morgens Aalen erreicht hat. Die Lok wird im Mai 1984 als drittletzte 193 z-gestellt werden.

Auf der Rückfahrt nach Stuttgart legt der Zug mit 117 113 in Westerstetten nachmittags um halb vier Uhr einen Fotohalt ein. (oben)

Es ist wohl selten, dass die älteste Lok einer Baureihe auch die letzte ist, die aus dem Dienst ausscheidet. E 17 113 wurde im Oktober 1928 als erste abgenommen und überlebte ihre letzten im Mai 1978 abgestellten Schwestern um genau ein Jahr. Hier wartet sie bei ihrer Abschiedsfahrt in München Hbf auf das Abziehen des Sonderzuges, damit sie sich für die Rückfahrt ans andere Ende stellen kann. Heute befindet sich die Lok im DGEG-Museum Neustadt an der Weinstraße – ob sie wohl wieder fahren wird? (rechts)

H
V
E19 12

Ende Mai 1979 stand der nächste Festakt im AW München-Freimann an, als es hundert Jahre elektrische Eisenbahn in Deutschland zu feiern galt. Zahllose E-Loks und Triebwagen wurden präsentiert. Zu den herausragenden Exponaten gehörten je eine Vertreterin der beiden E 19-Varianten. Die AEG-Lok E 19 01 zeigte sich im angenäherten Ursprungszustand im roten Farbkleid mit „Pleitegeier", während die Henschel-Lok E 19 12 noch ihr Bundesbahn-Blau trug, aber ebenfalls mit den eleganten Frontschürzen aufwarten konnte.

Die Bezeichnung EP 5 21534 ist zwar ein Hinweis auf eine bayerische Herkunft der nachmaligen E 52 34. Die Lok wurde aber erst 1925 von der Deutschen Reichsbahn beschafft und in Dienst gestellt. Zuständig war hier freilich noch die Gruppenverwaltung Bayern, die neben dem zentralistischen Berliner Regime als Zugeständnis an den auch heute noch oft an den Tag gelegten Eigensinn im Süden der Republik wirkte. Die zuletzt bis Anfang 1971 in Kaiserslautern eingesetzte Lok überlebte als Heizlok bis 1977 und wurde dann als Museumslok im Ursprungsoutfit aufgearbeitet. Dabei erhielt sie auch die bayerische Übergangseinrichtung in der Stirnfront zurück. (rechts).

Im April 1981 waren die zweimotorigen Schienenbusse noch lange nicht am Ende ihrer Laufbahn angekommen. Trotzdem kamen sie zunehmend bei Sonderfahrten zum Einsatz. Eine vierteilige Trierer Einheit ist im April 1981 im Saarland unterwegs. Von Türkismühle ging es nach Freisen, wo nach 11,5 Kilometern das seinerzeitige Ende der früher noch gut zwanzig Kilometer weiter führenden Strecke über Schwarzerden ins pfälzische Kusel erreicht war. In Türkismühle gab es damals die im Hintergrund über dem dritten Wagen sichtbare Verladeanlage eines im saarländischen Mettlach ansässigen Herstellers von Keramikwaren und Porzellan.

Die Aussichtstriebwagen der Deutschen Reichsbahn waren nie für einen Plandienst vorgesehen, sondern immer nur im Sonderverkehr unterwegs. Der letzte überlebende seiner Art, 491 001, wurde von München aus ausgesprochen intensiv eingesetzt. Am Samstag, dem 26. April 1980 war der hellblau lackierte Wagen von München über Salzburg, Bischofshofen, Zell am See, Wörgl und Kufstein zurück nach München unterwegs. Tags darauf stand ein Ausflug von München nach Bad Reichenhall und zurück auf dem Plan. An einem dieser beiden Tage entstand die Aufnahme in Freilassing. Durch einen schweren Unfall am 12. Dezember 1995 in Garmisch-Partenkirchen wurde sein Einsatz beendet. Heute steht der beschädigte Triebwagen im Bahnpark Augsburg.

Viele Museumsloks konnten sich nur deshalb in die heutige Zeit hinüber retten, weil sie oft jahrzehntelang bei Werksbahnen eingesetzt waren. So ging es auch der letzten bayerischen Malletlok der Gattung BB II, die 1942 von der Reichsbahn an die Zuckerfabrik Regensburg verkauft worden war. Die Museumseisenbahn Darmstadt kaufte die Lok 1973 und nahm sie unter ihrer Reichsbahnnummer 98 727 wieder in Betrieb. Im April 1981 steht sie mit ihrem Zug, in den auch die drei Esslinger Bei- und Steuerwagen der Kahlgrundbahn eingereiht sind, in Kahl.

Auch eine schmalspurige Malletlok kam mit 99 633 im Jahr 1983 auf der Jagsttalbahn wieder in den Betriebsdienst zurück. Sie war tatsächlich noch bis 1968 sporadisch bei der DB im Einsatz, wo sie offiziell als 099 633-0 geführt wurde. Wie in vielen anderen Fällen ist es der DGEG zu verdanken, dass die Lok erhalten wurde, und auch die DGEG-Gruppe im Jagsttal sorgte für die Wiederinbetriebnahme. Dieses Ereignis wird zu Pfingsten im Mai 1983 gebührend gefeiert.

Bei der großen Pfingstveranstaltung 1983 im Jagsttal wurde praktisch alles eingesetzt, was Räder hatte.

Drei 1939 von der Waggonfabrik Wismar für die Rhein-Sieg Eisenbahn gebaute Triebwagen und zwei von der RSE in Eigenregie hergestellte Beiwagen wurden Ende der 1950er Jahre an den SWEG-Vorgänger DEBG verkauft. Dort wurden die Fahrzeuge mit großen Schiebetüren versehen und als VT 300 bis 302 und VB 400 und 401 zunächst im Stückgutverkehr und später im Schülerverkehr eingesetzt. VT 300 hat mit den beiden VB 400 und 401 den Bahnhof Schöntal (Jagst) erreicht. (oben)

Seit 1962 war die neugegründete SWEG Betreiberin der Jagsttalbahn. Bei Gmeinder wurden 1965 zwei Dieselloks beschafft, die äußerlich stark an die DB-Köf III erinnern. Oft wurden die Loks in Doppeltraktion Rücken an Rücken gekuppelt eingesetzt. D 22-01 ist hier jedoch alleine mit ihrem Zug auf dem Weg nach Dörzbach. (links)

Langjährige Stammlok auf der Jagsttalbahn war die berühmte „Helene“. Die 1919 von Henschel für die Jüterbog-Luckenwalder Eisenbahn gebaute Lok tat seit 1934 bei den Barytwerken in Lauterberg im Harz Dienst. In einer abenteuerlichen Aktion wurde sie 1970 von DGEG-Aktiven aus dem Harz nach Möckmühl geholt und seit 1971 auf der Jagsttalbahn eingesetzt. Wegen eines Kesselschadens musste sie 1984 abgestellt werden. Heute wartet sie in Prora auf Rügen auf ihr weiteres Schicksal. Im Mai 1983 ist sie in Bieringen angekommen.

Das Jubiläum 150 Jahre Deutsche Eisenbahnen brachte 1985 den Dampf unter DB-Regie zurück auf die Gleise der Staatsbahn. Zunächst wurden die vier Dampfloks 01 1100, 23 105, 50 622 und 86 457 hauptuntersucht und von Nürnberg aus eingesetzt.

Die ölgefeuerte 01 1100 ist mit ihrem Sonderzug im Juli 1985 bei Etzelwang auf dem Weg nach Amberg. Nach vielen Irrwegen ist die Lok heute in Koblenz-Lützel ausgestellt. (oben)

Eigentlich müsste diese Lok 50 133 heißen, denn erst 1958 mutierte sie im AW Schwerte durch Rahmentausch zur 50 622 und wurde als 050 622-0 im Juli 1976 beim Bw Duisburg-Wedau z-gestellt. Im September 1985 hat sie in Nürnberg Hbf einen Sonderzug übernommen. Nachdem die Lok bei dem verheerenden Brand 2005 schwer beschädigt wurde, ist sie mittlerweile äußerlich wieder aufgearbeitet. (links)

Die letzte neu gebaute Dampflok der DB hatte zwischen Abnahme im Dezember 1959 und ihrer Unfall-bedingten Abstellung gerade mal etwas mehr als zwölf Jahre in Betrieb gestanden. Von der Aufarbeitung als Museumslok im Januar 1985 bis zum Fristablauf im Mai 2000 war sie immerhin 15 Jahre und vier Monate betriebsfähig. Im Oktober 1986 bespannt sie in Hartmannshof vor der Kulisse der ortsansässigen Zementwerke einen Sonderzug nach Amberg. Auch sie wurde nach dem Brand 2005 bis 2010 äußerlich wieder aufgearbeitet und ist heute in Heilbronn zu sehen. (oben)

Neben den Dampfloks kamen auch etliche Diesel- und E-Loks und -Triebwagen wieder zum Einsatz. Einer der Stars war die Vorserienlok V 200 002, die im Oktober 1986 mit ihrem Sonderzug aus Nürnberg Neukirchen (b. Sulzbach-Rosenberg) erreicht hat. Die Lok wurde beim Brand im Oktober 2005 völlig zerstört. (rechts)

Bittner & Bellingrodt Buchreihen

Bundesbahn-Fotoalbum

Band 1: 1961 bis 1967

Helmut Bittner (1941–2014) gehört nicht zu den „großen Namen“ der deutschen Eisenbahn-Fotografie, sein Wirken geschah stets eher im Hintergrund, aber nachhaltig. Er lieferte z.B. Titel-Motive für die Zeitschrift „EisenbahnGeschichte“ und half zudem mit Vergnügen, die Bücher und Beiträge anderer Autoren zu bebildern. Rund 8000 Bittner-Aufnahmen (Farb- und sw-Dias) hat die DGEG in ihr Archiv übernommen, im wesentlichen in Deutschland entstandene Fotos – von der Nordsee bis in die Alpen. Der Band 1 umfasst die Jahre 1961 bis 1967.

Helmut Bittner: Bundesbahn-Fotoalbum, Band 1: 1961 bis 1967; 168 Seiten, Format 24 x 22 cm, ca. 160 SW- & Farbaufn., fester Einband, ISBN 978-3-946594-05-5, **29,80 €**

Bundesbahn-Fotoalbum

Band 2: 1968 bis 1970

In Band 2 geht es um Helmut Bittners Aufnahmen aus den Jahren 1968–1970. Im Mittelpunkt stehen dabei das Ende der Dampftraktion auf der „Rollbahn“ Hamburg – Osnabrück, auf den Strecken Nordostbayerns, Hessens, Nordbadens/Unterfrankens, an der Mosel sowie Foto-Touren nach Altenbeken und an die Magistrale Hamm – Hannover – Helmstedt.

Helmut Bittner: Bundesbahn-Fotoalbum, Band 2: 1968–1970. 192 Seiten im Format 24 x 22 cm, fester Einband, ca. 200 Abbildungen, ISBN 978-3-946594-15-4, **29,80 €**

Bundesbahn-Fotoalbum

Band 3: 1971 bis 1973

In Band 3 geht es um die Aufnahmen aus den Jahren 1971–1973. Im Mittelpunkt stehen dabei das Ende der Dampftraktion auf der Schiefen Ebene sowie weiteren Strecken Nordostbayern, auf der Moselstrecke, der Emslandstrecke, und es geht um Züge in Ostwestfalen sowie im nördlichen Baden-Württemberg um Lauda.

Helmut Bittner: Bundesbahn-Fotoalbum, Band 3 – 1971-1973. 192 Seiten im Format 24 x 22 cm, fester Einband, 275 Abbildungen, ISBN 978-3-946594-23-9, **32,80 €**

Carl Bellingrodt (1897–1971) war der bedeutendste und bekannteste deutsche Eisenbahnfotograf. Mit dieser Buchreihe wird in den ersten drei Bänden die Zeit der Deutschen Reichsbahn bis 1945 dokumentiert. Die Bände 4–6 enthalten die Schlepptender-Dampfloks der DB. **Band 7** widmet sich den Tenderloks der Baureihen 61–99 und schließt damit die Darstellung der Dampfloks mit insgesamt fast 4.000 Aufnahmen ab. Dieser gewaltige Umfang belegt seine große Schaffenskraft während der frühen DB-Zeit, in der von ihm aber auch die neuen Traktionsarten intensiv beachtet wurden (Thema der beiden folgenden Bände).

Carl Bellingrodt: Das fotografische Werk – Band 7: Bundesbahnzeit – Dampflokomotiven der Baureihen 61–99. ca. 350 Seiten, Format 24 x 32 cm, fester Einband, ca. 950 Abbildungen; ISBN 978-3-946594-30-7; **ca. 59,80 € – ERSCHEINT 2024**

Band 1: Reichsbahnzeit – Dampflokomotiven der Baureihen 01–45

264 Seiten im Format 24 x 32 cm, fester Einband, ca. 1.000 Abb. ISBN 978-3-937189-60-4; **49,80 €**
NEUAUFLAGE 2023

Band 2: Reichsbahnzeit – Dampflokomotiven der Baureihen 50–99

376 Seiten im Format 24 x 32 cm, fester Einband, ca. 1.350 Abbildungen. ISBN 978-3-937189-65-9; **59,80 €**
NEUAUFLAGE 2024

Band 3: Reichsbahnzeit – Elektrolokomotiven, Triebwagen, eingereihte Fahrzeuge ab 1938

280 Seiten, Format 24 x 32 cm, ca. 830 Abb., fester Einband, ISBN 978-3-937189-73-4; **49,80 €**

Band 4: Bundesbahnzeit – Dampflokomotiven der Baureihen 01–05

320 Seiten im Format 24 x 32 cm, fester Einband, ca. 900 Abbildungen, ISBN 978-3-937189-78-9; **49,80 €**

Band 5: Bundesbahnzeit – Dampflokomotiven der Baureihen 10–39

304 Seiten im Format 24 x 32 cm, fester Einband, ca. 900 Abbildungen, ISBN 978-3-946594-19-2; **49,80 €**

Band 6: Bundesbahnzeit – Dampflokomotiven der Baureihen 41–58

368 Seiten im Format 24 x 32 cm, fester Einband, ca. 1.100 Abbildungen, ISBN 978-3-946594-25-3; **59,80 €**

DGEG Medien GmbH · Monforts Quartier 1 · 41238 Mönchengladbach
Tel. 0 21 61 – 4 63 46 22 · medien@dgeg.de · www.dgeg-medien.de